rowohlt
HUNDERT AUGEN

Olaf Fritsche

DER INSEKTEN-SAMMLER

Illustrationen von Barbara Dziadosz

Rowohlt Hundert Augen

Originalausgabe
Veröffentlicht im Rowohlt Verlag, Hamburg, April 2020
Copyright © 2020 by Rowohlt Verlag GmbH, Hamburg
Covergestaltung any.way, Barbara Hanke / Cordula Schmidt
Coverabbildung Barbara Dziadosz
Satz aus der Quadraat bei Dörlemann Satz, Lemförde
Druck und Bindung CPI books GmbH, Leck, Germany
ISBN 978-3-498-00192-6

INHALT

DIE WELT ZU UNSEREN FÜSSEN

Sommer. Das ist das Blütenmeer einer Wiese, der Trampelpfad am Waldrand, die Bank im Stadtpark. Schließen Sie die Augen, und lauschen Sie. Das Rascheln der Blätter, die wispernden Gräser, vor allem aber die Welt der kleinen Krabbler und Flieger. Das Summen der Bienen, das Brummen der Hummeln, das Rascheln Hunderter Ameisen im trockenen Laub. Öffnen Sie die Augen, und schauen Sie sich um. Der tanzende Flug bunter Schmetterlinge, der weite Sprung des Grashüpfers, der unbeirrte Kriechgang der Raupen. Sie sind überall, doch sie besuchen uns erst, sobald es warm ist. Wenn die Insekten kommen, beginnt der Frühling, wenn sie gehen, endet der Herbst. Ob sie uns mit ihren Farben erfreuen oder uns das Picknick verderben, ob ihr Gesang uns in die Nacht entführt oder ihre Stiche uns um den Schlaf bringen. Insekten begleiten uns durch die warme Jahreszeit, ja, ohne Insekten wäre kein Sommer denkbar. Sie sind der Sommer.

Und das seit mindestens 400 Millionen Jahren. Als die Dinosaurier noch lange nicht am Horizont der Zeit zu erahnen waren, krabbelten, sprangen und flatterten bereits Insekten über die Erde. Damals wie heute bestens geschützt von einem harten Außenskelett, das zum Zwecke der leichteren Beweglichkeit in drei Segmente geteilt ist: Kopf, Brust und Hinterleib – daher auch der deutsche Name Kerbtier.

Auf dem Kopf sitzen häufig Augen, die überdimensionalen Sonnenbrillen gleichen. Sie setzen sich aus wenigen, vielen oder Tausenden Einzelaugen zusammen, die jedes für sich nicht mehr sehen als einen Punkt. Die Welt erscheint durch so ein Facettenauge wie ein Mosaik. Grob vielleicht, doch bestens geeignet, um in Windeseile Bewegungen von Beute oder Feind festzustellen. Ganz in der Nähe der Augen setzen die Fühler oder Antennen am Kopf an. Sie sind häufig wichtiger als die Augen. Mit ihnen tastet und riecht das Insekt, es findet so seinen Weg, erspürt seine Umgebung und nimmt die Witterung der paarungsbereiten Weibchen auf. Wenn Insekten gerade nicht auf Sex aus sind, steht ihnen meist der Sinn nach Essen. Ihren Mund hat die Natur nach der bevorzugten Nahrung geformt. Wer beißt, trägt starke Kiefer, der Sauger bekommt einen langen Rüssel, der Schlecker einen kurzen.

Vorher muss das Tier jedoch zum gedeckten Tisch gelangen. Die Brust ist das Zentrum der Fortbewegung. Drei Paar Beine kennzeichnen das Insekt – wer acht oder mehr hat, gehört nicht dazu. Viele Insekten sind auch durch die Lüfte unterwegs. Zum Fliegen besitzen sie zwei Paar Flügel, die bei Schmetterlingen breit und flächig, bei Libellen lang und elegant gestaltet sind. Mitunter ist eines der Paare verkümmert wie bei den Fliegen. Oder das vordere Paar hat sich zu einem starren Panzer gewandelt, der die hinteren Flügel schützt, das kennen wir von den Käfern.

Was ein Insekt sonst noch braucht zum Leben, trägt es in seinem Hinterleib mit sich herum. Entsprechend lang oder dick fällt dieser Körperteil aus, muss er doch verdauen und ausscheiden, Eier oder Spermien produzieren, Duftstoffe und Gifte synthetisieren. Manchmal zieren fadenförmige Anhängsel das Ende, Weibchen besitzen häufig einen Stachel, den sie zum Legen der Eier, zur Verteidigung oder zum Überwältigen der Beute nutzen. Optisch sind Kopf, Brust und Hinterleib mal gut zu unterscheiden wie bei der Wespe mit ihrer sprichwörtlichen Taille, mal schlechter wie bei Käfern und Wanzen.

Die Steuerung dieser ausgesprochen zweckmäßigen Konstruktion übernimmt ein Nervensystem, das wie eine Strickleiter aufgebaut und recht dezentral organisiert ist. Das Kommando führt zwar das Gehirn im Kopf, doch hat jedes der drei Segmente seine eigenen autonomen Zentralen, sodass etwa eine Schabe auch ohne Kopf noch hervorragend herumlaufen und weiterleben kann – bis sie schließlich mangels Mund verhungert. Zum Atmen benötigen Insekten hingegen weder Mund noch Nase. Die Luft zum Leben strömt bei ihnen durch ein System feiner Röhren, die von der Außenhaut ausgehend den Körper durchziehen und ohne Hilfe einer Lunge jede Zelle versorgen. Weil diese Tracheen nicht aktiv pumpen, bleiben Insekten eher klein. Und auch ihr Herz ist nicht für Größe gemacht, wälzt es das Blut doch ohne ein System von Adern im Hohlraum des Körperinneren um.

Aber dies ist nur die halbe Wahrheit und eigentlich nicht einmal das. Denn so, wie wir Bienen, Fliegen, Schmetterlinge und Käfer kennen, leben sie nur kurze Zeit. Den größten Teil ihres Daseins verbringen sie als Larven, die aus den Eiern schlüpfen und häufig wie kleine Raupen oder Würmer aussehen. Wachsen sie heran, müssen sie dann und wann ihre zu klein gewordene starre Haut abwerfen, bis sie endlich zum erwachsenen Tier werden oder sich zuvor noch in eine geheimnisvolle Puppe verwandeln. In dieser findet das Wunder der Metamorphose statt, während deren sich die Raupe zum Falter wandelt oder der Engerling zum Käfer.

Alle Glieder bilden sich aus nach ew'gen Gesetzen,
Und die seltenste Form bewahrt im geheimen das Urbild.

So staunte Johann Wolfgang von Goethe in seinem Gedicht «Metamorphose der Tiere» über diese Vielfalt.

Also bestimmt die Gestalt die Lebensweise des Tieres,
Und die Weise zu leben, sie wirkt auf alle Gestalten
Mächtig zurück.

Dabei kannte Goethe nur einen kleinen Bruchteil der Formen, mit denen die Insektenwelt das Dasein angeht. Auch wir können nur raten, wie viele Arten es wohl insgesamt geben mag. Fast eine Million ist bislang beschrieben, doch viele leben so versteckt, dass kein Forscherauge sie je gesehen hat. Auch in Deutschland verbirgt sich noch so manch unbekanntes Kerbtier in seiner heimlichen Nische.

Und verschwindet vielleicht, bevor wir überhaupt Notiz haben nehmen können von seiner Existenz. Denn die Insekten werden seit Jahrzehnten weniger. Getötet mit zu vielen Giften und in einer aufgeräumten Landschaft ihres Lebensraums bestohlen, verabschieden sich selbst einst häufige Arten, und wer noch da ist, von dem gibt es immer weniger.

Dabei brauchen wir die Insekten. Sie bestäuben nicht nur Blüten und dienen Vögeln als Nahrung. Sie halten auch unsere Welt sauber, vertilgen tote Pflanzen und Tiere, zersetzen Haare und Kot, lockern und düngen Böden. Mögen uns Mücken und Läuse quälen wie einst die biblischen Plagen – ohne Insekten kann der Mensch nicht sein. In Wahrheit sind sie ein großer Segen. Und ein unerschöpflicher Quell der Inspiration. Kaum ein Dichter, den es nicht in den Fingern kribbelt im Angesicht tanzender Glühwürmchen. Kein Maler, der sich nicht vor den Flügeln der Schmetterlinge verneigt. Und welcher Erwachsene kann nicht den *Hummelflug* summen, welches Kind nicht das Lied der Biene Maja singen?

Dennoch sind sie uns unbekannt. Die Anmutigen. Die Lästigen. Die Scheuen. Die Aufdringlichen. Wir leben tagtäglich mit ihnen und wissen so wenig über sie. Welch ein Verlust! An Freude. An Staunen. An Verstehen.

Darum dieses kleine Buch. Es stellt Ihnen einen winzigen Ausschnitt aus dem schier grenzenlosen Reich der Insekten vor und möchte Sie anregen, auf eigene Faust weiter zu suchen und zu forschen. Und wenn dann der Frühling kommt und sich die ersten Falter, Flieger und Krabbler wieder hervorwagen, wird das der Beginn eines Sommers sein, wie Sie ihn vielleicht nie zuvor so intensiv erlebt haben.

EINTAGSFLIEGE

Weiße Flocken wirbeln durch die Luft. Sie fliegen verspielt auf und ab und versetzen die Menschen am Neckarufer in ungläubiges Staunen. Es ist August, und in Heidelberg scheint es zu schneien. Bald bedecken die Flocken als dichter Teppich die Straße an der Alten Brücke. Dort sterben sie. Nicht wegen der Hitze. Ihre Zeit ist gekommen. Sie haben ihr Werk getan – oder glauben das zumindest – und können nun für immer ruhen.

Nur wenige Stunden dauert der Zauber an, und er findet nicht jedes Jahr statt. Sie müssen schon Glück haben und zum richtigen Zeitpunkt am Fluss sein, um sich vom weißen Treiben gefangen nehmen zu lassen. Nicht nur in Heidelberg, in vielen Orten entlang von Neckar, Rhein, Main und Donau können wir den Zomersneeuw – Sommerschnee, wie die Niederländer das Phänomen nennen – erleben. Natürlich ist es kein richtiger Schnee. Anstelle von Eiskristallen erfüllen Insekten die Luft: Eintagsfliegen, die den Höhepunkt – und Endpunkt – ihres Lebens feiern.

Die Verwechslung mit dem Schnee ist nur eines von vielen Missverständnissen, die sich um die Eintagsfliegen ranken. Trotz ihres Namens gehören sie nicht einmal zu den Fliegen, sondern bilden eine eigene Gruppe, die lange vor anderen fliegenden Insekten und vor den frühesten Dinosauriern die Erde

STECKBRIEF
· · · · · · · · · · · · · · · ·

DEUTSCHER NAME: Große Eintagsfliege
WISSENSCHAFTLICHER NAME: *Ephoron danica*
GRÖSSE: um 40 Millimeter Spannweite,
um 20 Millimeter Länge
VERBREITUNG: ganz Europa

bevölkerte. Auch leben Eintagsfliegen keineswegs nur einen Tag. Vielmehr verbringen sie ein bis zwei Jahre als Larven am Grund von Bächen und Flüssen, wo sie wachsen und immer wieder im wörtlichen Sinne «aus der Haut fahren». Denn wie alle Insekten haben sie ein vergleichsweise starres Außenskelett, das sie abstreifen müssen, um ein bisschen größer werden zu können. Schließlich tauchen sie auf und erhalten ihre Flügel. Erst dann beginnt ihr sprichwörtlich kurzes Dasein als ausgewachsenes Insekt, dem je nach Art tatsächlich nur wenige Stunden vergönnt sind, andere leben bis zu vier Tage.

In dieser Zeit treibt sie nur eine Aufgabe um: Sex haben und sich vermehren. «Ich flieg, ich flieg, ja, das Leben macht viel Spaß», hat Peter Maffay der Eintagsfliege in seinem gleichnamigen Song in den Mund gelegt, doch die echten Tierchen müssen sich beeilen, möglichst schnell einen Partner zu finden. Die Männchen tanzen dafür in Schwärmen, die manchmal eben die Ausmaße eines Schneesturms annehmen können, um helle Lichtquellen wie Straßenlaternen herum und hoffen, dass ein Weibchen zu ihnen findet. Stößt tatsächlich eines in die fliegende Junggesellenparty, wird es augenblicklich von einem Freier umklammert und während des Sinkflugs zu Boden von ihm begattet. Mit der Paarung hat das Männchen seinen Auftrag erfüllt und stirbt, während das Weibchen noch schnell die befruchteten Eier ablegt. Ins Wasser – oder eben auf den Asphalt, der für Eintagsfliegen wohl wie eine sanft gekräuselte Flussoberfläche aussieht. Erschöpft haucht auch die frischgebackene Mutter ihr Leben aus. Diese extreme Umsetzung des Spruchs «Lebe schnell, liebe heftig, stirb jung!» kann uns schon zu denken geben. Der Dichter der österreichischen Kaiserhymne, Johann Gabriel Seidl, hat das kurze Dasein der Eintagsfliege bedauert: «Was uns Jahrzehnte sind hienieden, die flüchtige Sekund' ist's ihr!» Doch Hans Christian Andersen hält in seinem Märchen *Der Traum der alten Eiche* dem Fremdleiden ein frohes «Du hast Tausende von meinen Tagen, aber ich habe Tausende von Augenblicken, um darin froh und glücklich zu sein!» aus dem Mund der Eintagsfliege entgegen. Wie viel Weisheit doch in einem kleinen Insekt stecken kann, wenn es in die Gedankengänge des Poeten gerät. Menschliche Eintagsfliegen nehmen ihr Verschwinden nicht immer so locker.

Wir waren aber bei den Irrtümern zu tierischen Eintagsfliegen, und den eklatantesten und zugleich hartnäckigsten darf niemand anderes als ausgerechnet der große Aristoteles für sich beanspruchen. Im 4. Jahrhundert vor Beginn unserer Zeitrechnung machte er sich als Erster die Mühe, so unbedeutende Tiere wie Insekten zu studieren. Doch bei der Eintagsfliege kann er nicht richtig hingesehen haben, denn in seinem Werk *Historia animalium* bezeichnet er sie als «Vierfüßler mit vier Flügeln». Bei den Flügeln lag er damit richtig, an Beinen hat die Eintagsfliege allerdings wie jedes Insekt deren sechs. Weil Autorität aber so oft mehr gilt als genaues Hinschauen, dauerte es 2000 Jahre, bis die Gelehrten es wagten, das dritte Beinpaar in ihre Beschreibungen der Eintagsfliegen aufzunehmen.

Woran erkennen wir also eine Eintagsfliege, wenn sie nicht gerade tausendfach vom Himmel schneit? Das sicherste Merkmal sind zwei oder drei Schwanzfäden, die länger sein können als das restliche Tier. Auch die beiden Vorderbeine, die Aristoteles übersehen hat, sind vergleichsweise lang, und das Männchen hält sie meist nach vorne gestreckt, sodass sie beim flüchtigen Betrachten wie Fühler aussehen können. Der Kopf ist ziemlich klein, weil die Mundwerkzeuge verkümmert sind – erwachsene Eintagsfliegen vergeuden keine wertvolle Lebenszeit mit Nahrungsaufnahme. Dafür besitzen sie große Augen, die dank ihrer seltsamen Form als «Turbanaugen» bezeichnet werden und ein wenig den Eindruck erwecken, die Eintagsfliege hätte sich eine altertümliche Schweißerbrille auf die Stirn geschoben. Die durchsichtigen Flügel mit ihrer deutlichen Äderung klappt das Insekt beim Sitzen über dem Körper senkrecht zusammen, weil zu der Zeit, als sich die Ordnung entwickelt hat, das elegante Flügelfalten noch nicht erfunden war. Je nachdem, welche der rund 80 Arten, die in Deutschland heimisch sind, wir beobachten, ist das Tier ohne Schwanzfäden so lang wie ein Streichholz oder so kurz wie dessen Reibekopf.

Die Augustfliege, wissenschaftlich *Ephoron virgo*, die es an unseren Flüssen «schneien» lässt, bringt es etwa auf die Maße eines 10-Cent-Stücks. Früher trat sie regelmäßig in solchen Massen auf, dass die Menschen sie als Vogelfutter verwendeten oder damit die Felder düngten. Angler nutzen die Larven gerne als Köder, was in der Fachsprache als «Äsung» bezeichnet wurde. Der Volksmund entwickelte daraus den Namen «Uferaas». Dann kamen die Jahrzehnte der verschmutzten Ströme und der Insektizide wie DDT, und die Eintagsfliegen verschwanden. Seitdem der Bau von Kläranlagen für saubere Flüsse sorgt, genügt das Wasser den Ansprüchen der Augustfliegen wieder.

Auf den Straßen verwandelt sich der Insektenschnee bald in unappetitlichen Matsch. Noch in der Nacht rücken Feuerwehr und Stadtreinigung zu einem Sondereinsatz aus, um den rutschigen Belag zu entfernen. So endet ein wunderbares Naturschauspiel auf dem Kompost.

Mehr zu Eintagsfliegen
Horst Gleiß (2002) *Die Neue Brehm-Bücherei – Die Eintagsfliegen.* VerlagsKG Wolf, Magdeburg
www.waldzeit.ch/tiere/eintagsfliegen/

ANREGUNGEN

Wo in der Nähe gibt es einen sauberen Fluss, an dem Eintags-
fliegen vorkommen könnten?

Wann haben Sie selbst Eintagsfliegen gesehen?

Wo?

Wann hat Ihre Zeitung über ein Massenauftreten von Eintags-
fliegen berichtet?

DISTELFALTER

So leicht. So schwebend. So zerbrechlich.

> *Mir war, als ob auf meiner Brust*
> *Mich etwas sacht betastete.*
> *Ich blickte schräg. Ein Falter saß*
> *Auf meinem grauen Winterrock.*
> *Mein Seelchen war's, das flugbereit,*
> *Die Schwingen öffnend, zitterte.*

Conrad Ferdinand Meyer sah nicht als Erster in den schwerelosen Tierchen mit ihren zarten Flügeln und ihrem unsteten Flug ein Sinnbild für die Vergänglichkeit des Daseins. Im alten Griechenland war der Schmetterling so flüchtig wie der Atem oder die Seele, weshalb man für alles drei nur ein Wort hatte – «Psyche».

Heutzutage vermitteln immerhin noch der Klang des italienischen «farfalla» und des französischen «papillon» die scheinbare Unbeschwertheit des Schmetterlingslebens. Derart luftig tönt es bei den germanischen Sprachen nicht. Sowohl die rustikal klingende deutsche Bezeichnung, die sich vom ostmitteldeutschen «Schmetten» für «Schmand» oder «Rahm» herleitet, als auch das englische «butterfly» verweisen darauf, dass manche der bunten Falter früher am liebsten

STECKBRIEF

· · · · · · · · · · · · · · · · ·

DEUTSCHER NAME: Distelfalter
WISSENSCHAFTLICHER NAME: *Vanessa cardui*
GRÖSSE: 50 bis 60 Millimeter Spannweite
VERBREITUNG: ganz Europa

dann herbeiflatterten, wenn Butter gemacht wurde und man vielleicht einmal den langen Rüssel in die Schüssel halten konnte.

Dass Schmetterlinge ihrer zarten Gestalt zum Trotz auch richtig harte Kerle sein können, ahnte lange Zeit niemand. Oder hätten Sie gewusst, dass beispielsweise der Distelfalter aus Ihrem Garten womöglich schon die Sahara durchquert, das Mittelmeer überflogen und die Alpen hinter sich gelassen hat? Bis zu 4000 Kilometer als «Farbstaub vom warmen Körper der Erde», wie es die dänische Lyrikerin Inger Christensen beschreibt. Genau jene Wärme der Erde wird Jahr für Jahr in der Heimat der Schmetterlinge im Norden Afrikas, der Sahelzone südlich der Sahara und im Süden Arabiens ein Problem für die Distelfalter: Ihre Futterpflanzen verdorren bereits im zeitigen Frühjahr. Auf der Suche nach frischem Grün für sich und ihren Nachwuchs brechen die Insekten auf in den kühleren Norden. Einige wenige fliegen tatsächlich selbst durch bis in unsere Breiten, die meisten legen ihre Wanderung als ein Generationenprojekt an, dessen grober Plan fest in ihrem Erbgut verankert ist.

Die erste Generation überwindet für gewöhnlich nur das Mittelmeer. In Spanien, Südfrankreich, Italien und auf dem Balkan legen sie Eier für die zweite Generation, die noch im selben Frühling weiterzieht und etwa ab Mai bei uns eintrifft. Die grobe Richtung gibt ihnen dabei ihr Instinkt vor, für die feinere Orientierung halten sie sich an den Sonnenstand und an sichtbare Strukturen in der Landschaft wie Flüsse, Straßen oder Eisenbahngleise. Da kann es schon einmal passieren, dass, wie einmal in Potsdam geschehen, anstelle eines ICEs ein großer Schwarm Schmetterlinge in den Hauptbahnhof einfliegt und ihn schienengetreu mitsamt aller Brücken und Unterführungen wieder verlässt. Und die Ansammlungen der Distelfalter können wirklich so überwältigend sein, dass sie dem überraschten Naturfreund wie ein plötzlicher herbstlicher Laubsturm erscheinen. Waren die Winter in ihren südlichen Ursprungsgebieten warm und feucht, erreichen uns, wie zuletzt 2009 und 2019, Armeen von Millionen Faltern, die teilweise bei uns bleiben, zum Teil aber noch weiter nach Norden ziehen. An der Nordseeküste entstehen dabei regelrechte Staus, bis ein günstiger Wind die Schmetterlinge über das Meer trägt. In guten Jahren erreichen einige Exemplare sogar Schottland, Schweden, Finnland und Norwegen.

Wo sie genügend Brennnesseln, Disteln und Kletten für ihre Raupen und Nektar für den eigenen Magen finden, wächst die dritte Generation heran. Auch sie ist unstet wie ihre Eltern und Großeltern, doch die Distelfalter des Sommers zieht es mit fallenden Temperaturen zurück in den warmen Süden. Einen kalten Winter würden sie nicht überstehen. Erneut legen einige Falter den gesamten Weg bis Afrika oder Arabien am Stück zurück, doch das Gros setzt auch dieses Mal auf den Generationenvertrag. Wer weit im Norden gestartet ist, schafft es nur bis in den Süden Mitteleuropas, der Rest der Strecke bleibt der nachfolgenden Generation überlassen. Ab Oktober sind die letzten Distelfalter bei uns verschwunden,

Haben Sie Lust, an praktischer Wissenschaft teilzunehmen?
Beim Projekt Tagfalter-Monitoring Deutschland (TMD) können
Sie online melden, welche Schmetterlinge Sie auf Ihrem Spa-
ziergang gesehen haben. www.tagfalter-monitoring.de

**Errichten Sie eine Nektarbar für Schmetterlinge in Ihrem
Garten oder auf Ihrem Balkon.** Geeignete Pflanzen hierfür sind
beispielsweise Kartäusernelke, Taubenskabiose, Tüpfeljohan-
niskraut und Wilder Majoran. Aber auch Blaukissen, Kapuzi-
nerkresse und vor allem Sommer- oder Schmetterlingsflieder.
Falls Sie es bei der Auswahl einfacher haben wollen, können Sie
auch eine fertige Samenmischung für Schmetterlingsblumen
im Gartencenter kaufen.

nur in sehr warmen Jahren begegnen uns eventuell noch im November oder gar Dezember vereinzelte Nachzügler einer Extrageneration.

Außer dem Distelfalter mit seinen gemusterten orangebräunlichen, weiß gefleckten Flügeln mit schwarzen Flügelenden und -spitzen wandern auch der dunkelbraune Admiral mit roter Binde und der gelbe Postillon jedes Jahr. Andere Arten wie das Tagpfauenauge oder der Kleine Fuchs wechseln bei Bedarf innerhalb ihres Verbreitungsgebiets den Ort.

Vorausgesetzt, sie geraten nicht in das Netz eines Sammlers, der sie tötet und mit einer Nadel aufspießt. Zum Glück ist dieses Hobby praktisch ausgestorben. Im 19. Jahrhundert waren es ausgerechnet die Schriftsteller, die wie Vladimir Nabokov Schmetterlinge gejagt haben. Vielleicht, weil sie der Flug des Schmetterlings an die Wanderung des Schreibgeräts über das Papier erinnerte, wie Joseph Brodsky beschreibt:

> So macht's die Feder auch,
> über die Seiten linierter Blätter gleitend,
> ahnt überhaupt nicht,
> was der Zeile schwant,
> in der sich Weisheit mit Wahn vermischt,
> geleitet vom Ruck der Hand,
> in deren Fingern stumm die Rede pocht.

Und so zogen sie selbstvergessen und der Welt entrückt wie in Carl Spitzwegs Gemälde *Der Schmetterlingsfänger* durch Wiesen und Felder. Wohl nicht immer mit Schmetterlingen im Bauch, doch sicherlich mit diesen im Sinn.

Und vielleicht mit ein wenig chaotischen Gedanken. Denn auch dafür stehen Schmetterlinge, seit der Begründer der Chaosforschung, Edward Lorenz, 1972 die im ersten Moment absurd klingende Frage stellte: «Löst der Flügelschlag eines Schmetterlings in Brasilien einen Tornado in Texas aus?» Heute wissen wir, dass dies bei besonders instabilen Wetterlagen theoretisch tatsächlich passieren könnte, Schmetterlinge in der Realität aber so gut wie immer unschuldig am Wetter und anderen Katastrophen sind. Statt das Wetter zu machen, tanzen sie mit ihm von Blüte zu Blüte – und manchmal über Kontinente.

Mehr zu Distelfaltern und Schmetterlingen
Edelgard Seggewiße (2015) *Schmetterlinge entdecken, beobachten, bestimmen.* Haupt-Verlag, Bern

Welche Tagfalter konnten Sie beobachten?

TAGPFAUENAUGE	ZITRONENFALTER
Wo?	*Wo?*
Wann?	*Wann?*
KLEINER FUCHS	SCHWALBENSCHWANZ
Wo?	*Wo?*
Wann?	*Wann?*
ADMIRAL	
Wo?	
Wann?	
DISTELFALTER	
Wo?	
Wann?	
WEISSLING	
Wo?	
Wann?	

MAIKÄFER

Wenn der launige April dem Mai Platz macht und sich der Frühling endlich von seiner warmen Seite zeigt, geschieht es. Mit Beginn der Dämmerung gerät in Gärten und Wäldern der Boden in Bewegung, heben sich Grasnarbe und Streuschicht. Zuerst recken sich zwei bräunliche Fächer unter den Erdkrumen hervor, gefolgt von einem Kopf, und schließlich schieben sechs Beine den kräftigen Körper mit dem charakteristischen weißen Zackenmuster an der Seite ins Freie. Er ist da. Der Maikäfer.

Den kalten Winter hat er als bereits fertiger Käfer fast einen Meter tief in der schützenden Erde überdauert. Hier im Boden hatte er zuvor seine Kindheit verbracht. Im Schnitt vier Jahre war er rund einen Spatenstich tief unter der Oberfläche herangewachsen vom winzigen Ei bis zum daumengroßen, raupenähnlichen Engerling. Im vergangenen Herbst hatte er sich schließlich verpuppt und in einen Käfer verwandelt. All das als Vorbereitung für die kommenden ein bis zwei Monate. Für den Höhepunkt und eigentlichen Zweck seines Lebens.

Eine kleine Weile benötigt der frisch an die Oberfläche gekommene Maikäfer, um sich zu sammeln und für seinen großen Auftritt vorzubereiten. Dann macht er mit dem Hinterleib die typischen Pumpbewegungen, die seinem Start immer vorausgehen, und fliegt los. Brummend erhebt sich der drei

Zentimeter große Käfer in die Luft. Nach zwei Dingen steht ihm der Sinn: nach frischem Blattwerk, um sich satt zu essen, und nach einer Partnerin oder einem Partner, um die nächste Generation von Maikäfern zu zeugen. Am liebsten ist ihm natürlich die Kombination von beidem, und so nehmen die 50 000 Geruchssensoren auf den fächrigen Fühlern der Männchen sowohl den Duft von angefressenem Blattgrün als auch die Lockstoffe der Weibchen wahr. Deren Fächer sind kleiner und tragen nur ein Fünftel der Sensoren, denn eine Käferdame, die etwas auf sich hält, sucht nicht, sondern wartet geduldig auf Verehrer, während sie schon einmal an den Blättern knabbert.

> *Jeder weiß, was so ein Mai-*
> *käfer für ein Vogel sei.*
> *In den Bäumen hin und her*
> *fliegt und kriecht und krabbelt er.*

Zielgenau steuert der Käfermann auf die Baumkrone zu. Bevor die Sonne untergegangen ist, muss er fündig geworden sein. In den kommenden Wochen wird er nichts mehr tun außer fressen und sich paaren. Kurz nach der Begattung stirbt der männliche Maikäfer auch schon, während das Weibchen noch ein wenig länger durchhält, bis in ihrem Inneren die Eier befruchtet sind und sie sich zur Ablage wieder in den Boden wühlt. Manche von ihnen schaffen das sogar zweimal, bevor auch sie das Zeitliche segnen. Sie haben ihre Aufgabe erfüllt

STECKBRIEF
. . . .

DEUTSCHER NAME: Feldmaikäfer
WISSENSCHAFTLICHER NAME: *Melolontha melolontha*
GRÖSSE: 20 bis 30 Millimeter
VERBREITUNG: mittlere Breiten Europas

und den Kreis geschlossen. Drei bis fünf Jahre später wird der nächste Schwung Maikäfer einen neuen Zyklus einleiten.

Erstaunlicherweise erscheinen die bei uns heimischen Waldmaikäfer und häufigeren Feldmaikäfer alle gleichzeitig, als wäre es abgesprochen, wann das nächste «Maikäferjahr» sein soll. Für die Käfer ist das von Vorteil, weil sich ihre Feinde nicht darauf einstellen können, dass es bald wieder überall brummen und krabbeln wird. Zwar stürzen sich viele Vögel auf das unverhoffte Überangebot an Kerbtieren, doch in den übrigen Jahren machen sich die Maikäfer rar, sodass sie keine zuverlässige Grundlage für die Aufzucht vieler Küken bieten.

Alle paar Jahrzehnte treten Maikäfer in solchen Mengen auf, dass sie zu einer ernsthaften Plage werden. Vor allem in früherer Zeit fraßen sie ganze Wälder kahl, weshalb die Obrigkeit Kinder dafür bezahlte, Käfer einzusammeln. Mitunter kamen dabei mehr als 5000 Tiere auf der Fläche eines Fußballfeldes zusammen und mehrere Millionen in befallenen Wäldern. Die Krabbler wurden in kochendes Wasser geworfen, verbrannt, an die Hühner verfüttert und bis weit ins 20. Jahrhundert auch gerne geröstet und als Suppe verspeist. Manche Konditorei bot sie sogar kandiert an.

In ertragreichen Maikäferjahren half jedoch dies alles wenig, weshalb sich die geplagte Bevölkerung hilfesuchend an höhere Mächte wandte. Im französischen Avignon stellte das Gericht im Jahre 1320 den Käfern ein durch Tafeln gekennzeichnetes Feld zur Verfügung, wo sich die Tiere satt essen durften. Jeder Käfer, der nach Ablauf dreier Tage außerhalb anzutreffen war, galt als vogelfrei und musste mit der Vernichtung rechnen. Der Erfolg dieser Maßnahme dürfte ähnlich bescheiden gewesen sein wie der Bann, den der Bischof von Lausanne 1478 aussprach, nachdem die Maikäfer sowohl seine Anordnungen als auch die zweifache Vorladung vor Gericht missachtet hatten. Selbst schlimmste Flüche halfen nicht, wie sie wohl die Motorradfahrer im Berlin des Jahres 1938 ausgestoßen haben werden, die einem Zeitungsbericht zufolge «über und über mit Maikäfern bedeckt» waren, wenn sie in einen Schwarm gerieten.

Während es in der Mitte des vorigen Jahrhunderts durch den massiven Einsatz von Insektiziden stiller um den Maikäfer wurde – 1974 sang der Liedermacher Reinhard May *Es gibt keine Maikäfer mehr* –, haben sich die Tiere inzwischen wieder so weit erholt, dass sie erneut zum Problem für die Vegetation werden. Schätzungsweise fünf Milliarden hungrige Insekten krabbeln in Maikäferjahren alleine in den Wäldern zwischen Mannheim und Darmstadt aus der Erde, und genervte Förster rütteln gerne mal demonstrativ an jungen Eichen, aus denen dann einige hundert Käfer herausfallen und auf die Erde prasseln – pro Baum, versteht sich. Mit parasitischen Pilzen und natürlichen Ölen versucht man heute, der Invasion Herr zu werden. Doch noch immer ist kein Mittel gefunden, das einerseits den bedrohten Wäldern schnelle Hilfe verspricht und andererseits nicht hemmungslos ganze Ökosysteme aus dem Gleichgewicht bringt. Denn den eigentlichen Schaden richten weniger die ausgewachsenen Käfer an, obwohl sie durchaus in der Lage sind, einen Wald komplett zu entlauben. Diesen Verlust vermögen die Bäume wegzustecken, indem sie nach dem Verschwinden der Insekten neue Blätter nachwachsen lassen. Schlimmer sind die Engerlinge im Boden, weil sie die Wurzeln zerfressen und den Bäumen damit die Lebensgrundlage entziehen.

Da nimmt es nicht wunder, dass die Einstellung zum Maikäfer gespalten ist. Einerseits lieben ihn die Menschen als willkommenen Frühlingsboten, andrerseits kann er zu einer Heimsuchung von biblischen Ausmaßen werden. In dem Kinderlied *Maikäfer flieg* wird diese Ambivalenz deutlich. In der beruhigenden Melodie eines Wiegenlieds erzählt der Text mit deutlichen Worten vom Grauen des Krieges. Wobei die Wurzeln des Liedes unbekannt sind und wir nicht wissen, von welchem Krieg die Rede ist. War es der 30-jährige? Oder der 7-jährige? Zumal regional unterschiedliche Versionen im Umlauf sind, die sich schon in der ersten Strophe darin unterscheiden, welches Land abgebrannt sein soll. Pommerland? Pulverland? Engelland?

Max und Moritz von Wilhelm Busch beschränken sich mit ihrer Maikäferattacke wenigstens nur auf Onkel Fritz, dem sie mit einem Bett voller Krabbelgetier die Nachtruhe rauben. Und in Gerdt von Bassewitz' Märchen *Peterchens Mondfahrt* wird ein Maikäfer namens Herr Sumsemann gar zum Helden, der mit zwei Menschenkindern auf dem Mond nach seinem verlorenen sechsten Bein sucht.

So müssen und dürfen wir mit ihm leben, dem Freund und Feind, der nur einmal kurz im Frühling vorbeischaut.

Mehr zu Maikäfern
Otto Scheerpelz (2003) *Die Neue Brehm-Bücherei – Der Maikäfer.* VerlagsKG Wolf, Magdeburg

ANREGUNGEN

Wo haben Sie einen Maikäfer gesehen?

Wann?

Wie viele?

Wann war das letzte Maikäferjahr in Ihrer Region?

WASSERLÄUFER

Die größte Überraschung gleich zu Beginn: Wasserläufer sind wasserscheu! Fängt es an zu regnen, verkriechen sich die schlanken, bis zu einem Zentimeter langen Wanzen im Uferbereich unter schützenden Blättern. Sie haben offensichtlich keinen Spaß daran, von Tropfen getroffen und versenkt zu werden. Zwar würde der unfreiwillige Tauchgang die Tiere nicht umbringen, doch erwachsene Wasserläufer laufen nun einmal ihrem Namen gemäß lieber auf dem Wasser, statt sich mühselig zurück an die Oberfläche zu arbeiten.

Womit wir schon bei ihrem größten Geheimnis wären: Wie schaffen es die Tierchen, seelenruhig auf dem Wasser zu sitzen, wo andere Insekten jämmerlich ertrinken (auf Englisch werden sie wegen dieser Gabe auch *Jesus Bug* genannt)? Den Anblick kennt schließlich jeder, der schon einmal Gelegenheit hatte, einen Teich, einen langsamen Bach oder auch nur eine größere Pfütze aufmerksam zu betrachten. Überall auf der Wasserfläche sind sie, die langen Hinterbeine nach hinten gestreckt, das mittlere Beinpaar nach vorne, sodass sie von oben aussehen wie der Buchstabe X. Die vorderen Beine spüren derweil jeder Welle nach. Die Tiere brauchen nicht zu schwimmen, das Wasser scheint sie einfach zu tragen wie eine Gummihaut.

Ein Vergleich, der gar nicht so verkehrt ist. Nur hat das

Wasser keine Haut, doch die Anziehung seiner Moleküle untereinander sorgt für einen erstaunlich festen Zusammenhalt, der uns Menschen auf drastische Weise bewusst wird, wenn wir etwa im Schwimmbad einen Bauchplatscher machen. Im Grunde lässt das Wasser ungerne jemanden in sich hinein, und es ist nur die Kraft unseres Gewichts, die uns eine Bahn ins kühle Nass schafft. Der Wasserläufer wiegt aber fast nichts. Außerdem hat er wasserabweisende Härchen an seinen Füßen und am Bauch, die so dicht stehen, dass sie kleine Luftpolster einschließen. Ein Leichtgewicht mit Schwimmring – das garantiert dem Wasserläufer so viel Auftrieb, dass das Weibchen bei der Paarung sein Männchen huckepack nimmt, ohne einzusinken.

Sie kann mit ihrem Partner im Gepäck sogar über das Wasser laufen, wenn auch nicht mit den vollen anderthalb Metern pro Sekunde, die sie ohne ihn zurückzulegen vermag. Nimmt der Wasserläufer mit den Vorderbeinen die Wellen eines zap-

STECKBRIEF

· · · · · · · · · · · · · · · · · ·

DEUTSCHER NAME: Gemeiner Wasserläufer
WISSENSCHAFTLICHER NAME: *Gerris lacustris*
GRÖSSE: 10 Millimeter
VERBREITUNG: ganz Europa

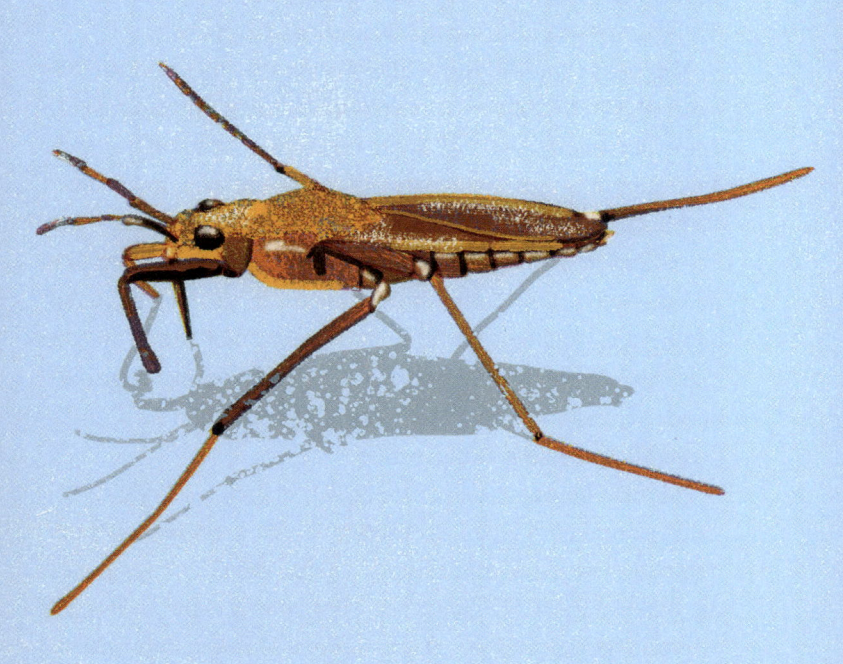

pelnden Insekts wahr, das ins Wasser gefallen ist, dann rudert er mit dem mittleren Beinpaar eiligst darauf zu, während das hintere Paar die Steuerung übernimmt. Außer flink über das Wasser zu gleiten wie ein Schlittschuhläufer über das Eis, können Wasserläufer bei Gefahr auch große Sprünge machen. Bis zum 30-Fachen ihrer eigenen Körperlänge überwinden sie mit einem Satz. Mehr geht nicht, sonst müssten sie beim Abdrücken so viel Kraft aufwenden, dass ihre Füße doch die Oberfläche durchbrechen und ins Wasser tauchen würden.

Mit Laufen und Springen allein ist es aber nicht getan. Obwohl der Wasserläufer sehr gut sehen kann, verraten seine Beine ihm zuerst, wo eine Beute im Wasser strampelt, in welcher Richtung ein paarungswilliges Männchen nach einer Partnerin sucht oder ob sich ein frecher Rivale nähert. Der Code liegt in den Wellen, die die Wasserläufer mit ihren Beinen schlagen. Eine Kommunikationsform, die sich auch der neugierige Insektensammler zunutze machen kann, um die Tiere anzulocken. Ein Vibrator auf 20 Schwingungen pro Sekunde eingestellt, ruft Wasserläufer von nah und fern unwiderstehlich zur Forschungsrunde.

Hat man keinen Vibrator zur Hand, braucht es Geduld. Sobald wir uns dem Heimatgewässer der Wasserläufer nähern, nehmen diese nämlich Reißaus. Doch zum Glück vergessen die scheuen Tiere bald, dass wir überhaupt da sind, wenn wir nur ruhig genug bleiben. Nach wenigen Minuten kommen sie zurück und unterhalten uns mit ihren schnellen Läufen und vielleicht sogar dem ein oder anderen Revierkampf zwischen den Männchen. Da wird mit Wellensignalen gewarnt, einander umkreist und angesprungen, bis der Unterlegene sich am Ende zurückzieht.

Es ist wirklich erstaunlich, was die zehn äußerlich nur schwer unterscheidbaren Arten von Wasserläufern, die in Mitteleuropa heimisch sind, dem Naturfreund zu bieten haben. Und doch leben sie praktisch unbeachtet neben uns her. Obwohl die geflügelten Exemplare zu den ersten Siedlern im neuen Gartenteich zählen und nicht selten auch Regentonnen und Gießkannen als Lebensraum erobern, hat kaum ein Schriftsteller, Maler oder Bildhauer Notiz von ihnen genommen. Rühmliche Ausnahme ist der irische Nationaldichter und Nobelpreisträger William Butler Yeats, der in seinem Gedicht *Long-Legged Fly* die Strophen durch den Satz «Wie ein Wasserläufer auf dem Bach bewegt sein/ihr Geist auf Stille sich» verbindet.

Doch auch der Wasserläufer schert sich wenig um den Menschen. Er stellt keine großen Ansprüche an seine Pfütze. Weder muss sie besonders sauber sein noch braucht er bestimmte Pflanzen. Hauptsache, das Wasser ist kühl und es fallen Insekten hinein, die er aussaugen kann. Sogar mit dem Plastikmüll, der die Meere verschmutzt, kommen die marinen Arten der Wasserläufer gut zurecht. Sie legen ihre Eier auf die schwimmenden Teilchen und vermehren sich dank dieser Bruthilfe prächtig, sind sie doch nicht mehr auf rares Treibgut und abgeworfene Vogelfedern als Krippe angewiesen.

Eine Gruppe von Menschen gibt es allerdings schon, die

sich intensiv mit den Wasserläufern beschäftigt (abgesehen von Insektensammlern natürlich): Ingenieure auf dem Gebiet der Bionik, jener Wissenschaft, die Technik nach Vorbildern der Natur entwickelt und verbessert. In mehreren Forschungseinrichtungen tüfteln sie an winzigen Robotern, die wie Wasserläufer über das Wasser gleiten sollen. Eine kleine Armada von ihnen könnte beispielsweise selbständig ausschwärmen, um nach einer Ölkatastrophe zu messen, wie schnell sich das Gewässer wieder erholt. Oder sie kontrolliert den Sauerstoffgehalt in Seen, die abzusterben drohen. Die Zahl der möglichen Anwendungen ist riesig. Nur eines dürfen die Wasserläuferroboter im Unterschied zu ihren biologischen Brüdern nicht sein: wasserscheu.

Mehr über Wasserläufer
Jearl Walker (1984) Experiment des Monats in Spektrum der Wissenschaft 1/1984, Heidelberg

Wo haben Sie Wasserläufer beobachtet?

Wie tief war das Gewässer?

Gab es darin Fische, die den Wasserläufern gefährlich werden könnten?

STECHMÜCKE

Der junge Johann Wolfgang hatte es sich so schön romantisch ausgemalt. Mit Geduld und Charme hatte er die Tochter des Pfarrers umworben, und es war ihm sogar gelungen, ihrem Vater die Erlaubnis zu einem Ausflug an das Rheinufer abzuringen. Zu «einer der schönsten Lustpartien», wie er es dem Pfarrer gegenüber sicherlich nicht beschrieben, sich selbst aber umso lebhafter vorgestellt hatte. Anfangs schien das Schicksal den beiden Liebenden auch tatsächlich gewogen zu sein. Sie genossen ihre Zweisamkeit, brieten selbst gefangene Fische und warfen verstohlene Blicke auf die «traulichen Fischerhütten», wo sie sich «vielleicht mehr als billig» zurückzuziehen gedachten – bis die herannahende Dämmerung dem Verlauf des Tages einen empfindlichen Stich versetzte. Myriaden von Stechmücken suchten und fanden ihr Abendessen. Von den «entsetzlichen Rheinschnaken weggetrieben», floh das Paar, so schnell die Füße trugen, zurück zum Pfarrhaus, wo Johann Wolfgang «in Gegenwart des guten geistlichen Vaters in gotteslästerliche Reden [ausbrach] und versicherte, dass diese Schnaken allein mich von dem Gedanken abbringen könnten, als habe ein guter und weiser Gott die Welt erschaffen».

Wen wundert es angesichts dieses missglückten Techtelmechtels, wenn Goethe zeit seines Lebens nicht gut zu spre-

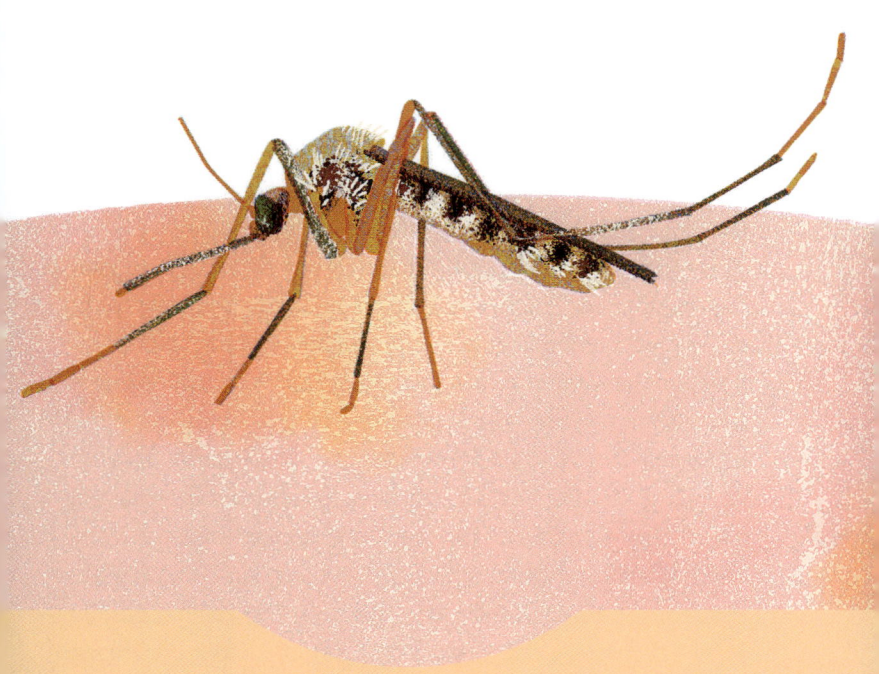

STECKBRIEF
· · · · · · · · · · · · · · · · ·

DEUTSCHER NAME: Gemeine Stechmücke
WISSENSCHAFTLICHER NAME: *Culex pipiens*
GRÖSSE: um 5 Millimeter
VERBREITUNG: ganz Europa

chen war auf Mücken. Womit er keineswegs alleine stand. «Es ist eine schöne Sache um die Natur, sie ist aber doch nicht so schön, als wenn es keine Schnaken gäbe», beschwerte sich auch Georg Büchner. Heinrich Heine stimmte ein: «Und die Mücken sind im Sommer mir so tief verhasst.» Einzig Carmen Stephan zeigt in ihrem Roman *Mal Aria* Verständnis für die fliegenden Plagegeister und erzählt ihre Geschichte aus Sicht des Insekts, das Blut saugen muss, um zu überleben, und dafür oft zu Tode geschlagen wird.

Das mit dem Blutsaugen nehmen wir den Viechern nun mal übel. Dabei machen das längst nicht alle Mücken, nicht einmal alle Stechmücken. Die Männchen und am Anfang ihres Lebens auch die Weibchen ernähren sich friedvoll wie viele andere Fluginsekten von Nektar und sonstigen süßen Pflanzensäften. Zum Blutsauger werden die weiblichen Tiere erst, nachdem sie sich mit dem anderen Geschlecht eingelassen haben. Die Männchen tanzen in Schwärmen durch die Lüfte und horchen mit ihren buschigen Fühlern auf den ganz besonderen Ton eines Weibchens, das in die Wolke hineinfliegt. Sofort stürzen sie sich auf die Mutige und sinken mit ihr im Knäuel zu Boden, wo innerhalb weniger Sekunden die Paarung stattfindet.

Von nun an gelüstet es das Mückenweibchen nach Blut, denn für die Produktion ihrer Eier ist sie auf Proteine wie das eisenhaltige Hämoglobin angewiesen. Also fahndet sie nach einem unfreiwilligen Spender, einem Säugetier oder Vogel, aber auch Frösche werden durchaus gestochen, wenn sie zu unaufmerksam an Land sitzen – und leider eben wir Menschen. Verräterisch ist dabei die Duftwolke, die jeden von uns umgibt und die sich auch nach einer Dusche innerhalb von Minuten wieder aufbaut. Zum einen enthält sie das Gas Kohlendioxid, das wir alle ausatmen, und zum anderen eine Mischung aus Substanzen wie Fettsäuren, die wir ausdünsten oder die Bakterien aus unserem Schweiß machen. Weil jeder von uns einen ganz individuellen Mix trägt, wirken manche attraktiver für Mücken und andere weniger anziehend. Dem Verführerischsten nähert sich die Mücke im Nahbereich, indem sie zusätzlich der Körperwärme folgt und ihre Facettenaugen benutzt. Nach der Landung auf der Haut wartet sie ein paar Sekunden ab, ob sie entdeckt wurde, bevor sie dann ihren Stechrüssel durch die Haut schiebt.

Dieser Rüssel ist ein erstaunliches Konstrukt aus Oberlippe, Ober- und Unterkiefer und dem Schlundrohr. Mit sägeartigen Bewegungen schiebt sie ihn in die Haut, bis er auf ein Blutgefäß stößt. Dann injiziert die Mücke durch einen Kanal ihren Speichel mit einem gerinnungshemmenden Mittel und saugt durch einen anderen das Blut, bis ihr Hinterleib prall gefüllt ist. All dies geschieht in der Regel völlig unbemerkt, lediglich wenn die Mücke zufällig einen Schmerznerv trifft, bekommen wir überhaupt etwas von dem Vorgang mit. Unangenehm wird es erst hinterher, wenn die Mücke längst davongeflogen ist und die fremden Gerinnungshemmer unserem Immunsystem auffallen. Dessen Abwehrreaktion führt zum typischen Juckreiz und einer kleinen Schwellung. Nun heißt es, auf keinen

Fall zu kratzen, sonst wird alles nur noch schlimmer. Wenn Sie mögen, können Sie eine angeschnittene Zwiebel oder eine Scheibe Zitrone auf die Stelle geben. Auch Spucke soll helfen, weil sie verdunstet und dadurch den Einstich kühlt. Letztlich hilft aber nur abzuwarten, bis sich alles von alleine wieder beruhigt. Und in Zukunft besser lange, helle Kleidung anzuziehen sowie Antimückenmittel auf alle freien Stellen aufzutragen. Oder Sie greifen zu einem ausgesprochen drastischen Mittel und spielen laute Elektro-Musik des DJs Skrillex. Dessen Klänge haben in einer Studie Gelbfiebermücken den Spaß am Stechen und an der Paarung verdorben. Ob während der Versuche aber eventuell gerade Neumond war, haben die Forscher leider nicht überprüft. Dabei wäre das wichtig gewesen, denn Mücken sind nachweislich bei Vollmond fünfmal aktiver als während anderer Mondphasen.

Um seine Eier abzulegen, sucht sich das Weibchen nach der Blutmahlzeit eine Wasserstelle. Vom großen See oder Fluss über die Regentonne oder eine alte Getränkedose bis zur banalen Pfütze ist ihr fast alles recht. Als kleines Schiffchen von etwa einem halben Zentimeter Länge schwimmen die aufrecht dicht aneinander gedrängten Eier dank eingeschlossener Luftblasen auf dem Wasser. Die geschlüpften Larven hängen sich später mit einem Atemrohr von unten an die Oberfläche und ernähren sich von kleinen Schwebteilchen. Auch die kommaförmige Puppe wartet dort auf ihre Verwandlung zur fertigen Mücke. Rund drei Wochen nach der Eiablage schlüpft sie aus. Bereit, die Welt zu piesacken.

Aber sind sie denn zu gar nichts nütze? Diese Frage stellte die Zeitschrift *nature* einer ganzen Reihe von Wissenschaftlern und kam zu dem Ergebnis, dass wir die Bedeutung der Mücken in der Natur nicht wirklich einschätzen können. Ohne Mücken müssten sich viele Vögel und vor allem viele wasserlebende Tiere anderes Futter suchen. Die Rentiere in den Tundren und Taigas Nordamerikas und Asiens würden vermutlich ihre Wanderungen einstellen, weil sie im Sommer nicht mehr den Myriaden von Plagegeistern ausweichen müssten. Und die Preise für Schokolade würden steigen, denn die Blüten der Kakaobäume werden von Fliegen und Mücken bestäubt. Ohne diesen kostenlosen Service müsste der Pollen per Hand übertragen werden.

Die Frage ist aber sowieso müßig. Denn obwohl wir Menschen bereits zahlreiche Tier- und Pflanzenarten ausgerottet haben und seit den 1980er Jahren eine Arbeitsgemeinschaft am Oberrhein eifrig gegen die Mückenplage kämpft, fehlen schlichtweg die Mittel, um die Stechmücken tatsächlich auszurotten. Das Einzige, was uns angesichts der summenden Heere von Blutsaugern bleibt, ist daher ein wenig Gelassenheit, wie sie Wilhelm Busch weise an den Tag legt:

> Fortuna lächelt, doch sie mag
> Nur ungern voll beglücken;
> Schenkt sie uns einen Sommertag,
> So schenkt sie uns auch Mücken.

ANREGUNGEN

Wann treten bei Ihnen die ersten Mücken auf?

Und wann die letzten?

Wie verhalten sich Stechmückenlarven, wenn etwas den
Wasserkörper, in dem sie leben, erschüttert?

Es gibt unzählige Arten von Mücken. Wenn Sie meinen, eine
seltene Mücke gefunden zu haben, dann können Sie diese
einfangen und zur Bestimmung an den Mückenatlas schicken:
www.mueckenatlas.com

Mehr zu Stechmücken

Marion Kotrba und Georges Haldimann (2014) *Fliegen und
Mücken: Ein Familienalbum*. Goecke & Evers, Keltern

HEUSCHRECKE

Nur ab und zu zog eine kleine Wolke vor der Sonne durch. Ansonsten war es ein schöner Tag. Bis am Horizont eine Art Rauch aufstieg wie von einem Waldbrand. Gleichzeitig war ein Sausen zu vernehmen, das lauter wurde, während der Rauch näher kam. Dann erkannten die Ersten, dass sich dort kein Feuer ausbreitete. Es waren Insekten. Heuschrecken, so weit das Auge reichte. Sie schwirrten um die Menschen, prallten ihnen in die Gesichter und an die Körper. Ihre Zahl war so groß, dass sich der Himmel verfinsterte. Ehe die Bauern begriffen, was sie heimsuchte, hatten sich die Tiere auf ihren Feldern niedergelassen und das reifende Getreide bis auf das letzte Korn und den letzten Stiel aufgefressen. Am Ende standen die Menschen vor dem Nichts. 1747 und 1748 wurde Schlesien gleich zweimal von dieser biblischen Plage heimgesucht, 1749 traf es Bayern und Franken.

Zum Glück war danach in Europa Schluss mit den riesigen Schwärmen von Wanderheuschrecken, die im Mittelalter im Schnitt alle zwei bis drei Jahre ganze Landstriche regelrecht verwüstet hatten. Heutzutage lassen sie sich in unseren Breiten gar nicht mehr blicken. Die letzte Europäische Wanderheuschrecke wurde 1949 in Deutschland gesichtet. Im Gegensatz zu Afrika ist der Schrecken bei uns somit nur noch gruselige Geschichte. Auch zum Vorteil der heimischen Heu-

Gemeiner Grashüpfer

Grünes Heupferd

STECKBRIEF

· · · · · · · · · · · · · · · ·

DEUTSCHER NAME: Gemeiner Grashüpfer
WISSENSCHAFTLICHER NAME: *Chorthippus parallelus*
GRÖSSE: 15 bis 22 Millimeter
VERBREITUNG: ganz Europa

schrecken, die schon genug mit dem schlechten Ruf zu kämpfen haben, den ihnen ihre gierige Verwandtschaft beschert hat. Dabei sind einige der etwa 80 Arten von Heuschrecken, die es in Mitteleuropa gibt, keineswegs Schädlinge, sondern im Gegenteil sogar ausgesprochen nützlich, weil sie mit Vorliebe Blattläuse, Fliegen und Insektenlarven verzehren. Ja, die Grashüpfer, Heuhüpfer, Springschrecken und wie sie sonst im Volksmund genannt werden, sind weitaus vielschichtiger, als wir von einem Sechsbeiner erwarten würden.

Das fängt mit der Größe an. Von der nur zwei Millimeter kurzen Ameisengrille bis zum 25-fach größeren Heupferd reicht das Spektrum. Den meisten Arten gemeinsam sind die starken Hinterbeine, die es den Tieren erlauben, bei einer Störung mit einem Satz aus der Gefahrenzone zu fliehen. Dieser Sprungkraft, die sie bis über einen Meter weit trägt, verdanken sie auch ihren Namen: «Schrecke» kommt vom Verb «schrecken», was «springen» bedeutet und sich im «Aufschrecken» im Sprachschatz erhalten hat.

Beim Weitsprung sind Heuschrecken aber wesentlich bessere Athleten als wir Menschen, weil die Natur sie mit einigen Spezialanfertigungen ausgestattet hat. So besitzen Laubheuschrecken wie das Grüne Heupferd besonders lange Hinterbeine, über die sie sich mit explosiver Muskelkraft davonkatapultieren. Und reicht das einmal nicht aus, entfaltet das Heupferd seine großen Flügel und flattert ausdauernd und schnell davon. Noch raffinierter ist die Technik der Feldheuschrecken, zu denen der Gemeine Grashüpfer zählt. Diese Tiere speichern Energie, indem sie einen Teil ihres Außenskeletts verformen, wie unsereins einen Bogen spannt. Im aufgeladenen Zustand fixiert ein Sperrmechanismus das Bein, bis sich die gesamte Energie in einem gewaltigen Sprung entlädt.

Für richtig große Entfernungen nehmen Heuschrecken jedoch gerne die Hilfe der Menschen in Anspruch und fahren per Anhalter. Festgekrallt auf der Seitenscheibe, dem Rückspiegel oder einem Scheibenwischer lassen sie sich mit 100 Kilometern pro Stunde von Autos durch die Lande kutschieren ohne abzurutschen. Innerhalb weniger Wochen erschließen sich wärmeliebende Arten, die dank Klimawandel aus dem Mittelmeerraum zu uns einwandern, auf diese Weise neue Regionen im Norden. Und wird es unterwegs doch einmal zu stürmisch, sodass der Heuschrecke eines ihrer Beine abgerissen wird, ist dieser wörtliche Beinbruch im übertragenen Sinne gar keiner. Die Tiere haben Sollbruchstellen an ihren Sprungbeinen, um im Notfall, wenn sie ein Storch oder einer ihrer vielen anderen Feinde gepackt hat, lieber eine Gliedmaße zu verlieren als das ganze Leben. Auch wenn das Dasein auf fünf Beinen deutlich umständlicher ist.

Vor allem wird es für fünfbeinige Grashüpfer schwierig, eine Partnerin zu finden, denn wie viele andere Heuschrecken betören sie die Weibchen mit Gesang, indem sie eine gesägte Schrillleiste an der Innenseite der Hinterschenkel über eine Kante am Vorderflügel ziehen wie ein Geiger den Bogen über die gespannten Saiten. Das produzierte Geräusch klingt ein wenig wie eine reisgefüllte Rassel, die für Strophen von ein bis zwei Sekunden Dauer geschüttelt wird, und reicht für unsere Ohren etwa zehn Meter weit.

Der Gesang des Grünen Heupferds ist dagegen langanhaltender und so laut, dass er noch in 50 Metern Entfernung gut zu vernehmen ist. Heupferde «singen» zwar nicht mit den Beinen, sondern durch Reiben der Flügel aneinander, doch auch ihre Balz ist auf intakte Beine angewiesen. Laubheuschrecken tragen ihr Hörorgan nämlich auf den Unterschenkeln der Vorderbeine. Auf diese Weise sind die «Ohren» besonders beweglich, und das Weibchen kann präzise peilen, aus welcher Richtung erregendes Zirpen ertönt.

Und darauf kommt es an im Leben einer Heuschrecke. Denn obwohl die alten Griechen die Tiere wegen ihres Gesangs dem Gott Apollo zuordneten, der für die schönen Künste zuständig war, und der Klang auch heute noch für uns das Gefühl des Sommers mit sich trägt, ist das Geigenspiel der Heuschrecken weder Selbstzweck noch reine Freude am Spiel. Vielmehr geht es um das, worum sich bei Insekten eigentlich alles dreht: Nachkommen zu produzieren.

Sehen wir einmal vom Gesang ab, halten sich Heuschrecken bei der Fortpflanzung an die für Insekten übliche Vorgehensweise: Das Männchen übergibt ein Samenpaket an das Weibchen, das damit die Eier befruchtet, die sie anschließend einzeln oder in kleinen Paketen in den Boden legt. Das Grüne Heupferd benutzt hierfür eine Legeröhre, die bis zu drei Zentimeter lang sein kann, womit das ganze Tier durchaus fünf bis sechs Zentimeter lang ist. Der nur anderthalb bis zwei

Zentimeter lange Gemeine Grashüpfer fährt in Ermangelung eines ähnlichen Organs seinen Hinterleib teleskopartig aus, um die Eier im Erdreich zu versenken.

Im Unterschied zu vielen anderen Insekten sehen die im späten Frühjahr geschlüpften Larven der Heuschrecken nicht aus wie weiße Würmer, sondern weitgehend wie verkleinerte Ausgaben ihrer Elterntiere. Einzig die Flügel fehlen ihnen noch, die erscheinen erst, wenn sich die Tiere mehrmals gehäutet haben und ordentlich herangewachsen sind. Das bei vielen Insekten übliche Puppenstadium lassen Heuschrecken einfach aus. So sind sie etwa ab Ende Juli voll ausgewachsen und zirpen ihrerseits bis in den Oktober nach Partnern.

Vorausgesetzt, sie werden nicht gegessen. Nicht nur Vögel und kleine Säugetiere haben Heuschrecken auf ihrem Speiseplan, auch der Mensch ist der eiweißreichen Kost nicht abgeneigt. In vielen Teilen Afrikas, Asiens und Südamerikas kommen Heuschrecken gebraten oder gegrillt auf den Tisch, und sogar in der Schweiz sind sie inzwischen als Lebensmittel zugelassen. Ob das wohl die Rache ist für die hungrigen Überfälle der mittelalterlichen Wanderheuschrecken?

Mehr zu Heuschrecken
Bayerische Akademie für Naturschutz und Landschaftspflege (2016) *Die Heuschrecken Deutschlands und Nordtirols*. Quelle und Meyer, Wiebelsheim
Heiko Bellmann (2004) *Heuschrecken – Die Stimmen von 61 heimischen Arten*. (CD) Ample, Germering

ANREGUNGEN

Viele Heuschrecken sind einfacher zu hören als zu sehen. Besonders im August lohnt es sich, tagsüber wie abends auf einem Feldweg oder an einem Waldrand stehen zu bleiben und zu lauschen.

Was hören Sie? Wie klingt das Zirpen? (Lang und gleichmäßig? Rasselnd und in Strophen geteilt?)

Wenn Sie den Sommer über den gleichen Standort aufsuchen und dort Heuschrecken finden, können Sie mitverfolgen, wie die Tiere mit der Zeit heranwachsen.

Wie groß sind sie im Juni? Im Juli? Im August?

Wann sind die ersten Flügelansätze zu sehen?

Wann die vollständigen Flügel?

STUBENFLIEGE

Manchmal macht die Kunst des Nervens den Nerver zur Kunst. Die Stubenfliege ist seit jeher einer der treuesten, aber keineswegs der beliebtesten Begleiter des Menschen. Überall schwirrt sie herum, überall stört sie. Auch vor Gemälden der großen Meister hat sie keinerlei Respekt und verdirbt den Genuss der Betrachtung durch freche Anwesenheit. Da helfen nur Scheuchen, Wedeln und Schlagen. Doch im Handumdrehen ist sie wieder da oder bleibt gleich sitzen. Oder sollte diese Fliege in Wahrheit gar keine echte sein? Sowohl von Giotto di Bondone als auch von Albrecht Dürer wird berichtet, derart realistisch wirkende Fliegen auf Bilder gemalt zu haben, dass ihre Zeitgenossen genervt das Insekt verjagen wollten, bevor sie den Scherz erkannten. Giotto soll die Fliege gar auf ein Werk seines Lehrmeisters gesetzt haben. Und von Dürers *Rosenkranzfest* ist bekannt, dass in der ursprünglichen Fassung eine Fliege auf dem Knie der Madonna saß. Das belegen heute leider nur noch Kopien des Altargemäldes, denn im 19. Jahrhundert verschwand bei der Restaurierung des arg beschädigten Originals der vermeintliche Störenfried. Gedacht waren die Fliegenbildchen in der Renaissance jedenfalls als gemalter Witz. Im Gegensatz zum Mittelalter, in dem eine Fliege im Bild meist als deutliches Zeichen für das Böse galt: Wer die Fliege auf der Schulter trug, war des Teufels.

Ganz so drastisch ist unsere heutige Meinung zur Fliege im Allgemeinen und zur Stubenfliege im Besonderen nicht – genervt sind wir aber nach wie vor, wenn sie durchs Zimmer saust. Mit um die 200 Flügelschlägen pro Sekunde ist sie dabei rund doppelt so schnell wie ein Fußgänger und weicht mühelos Händen, Zeitungen und Fliegenklatschen aus. Was auch daran liegt, dass ihre großen Facettenaugen optimal für die Wahrnehmung von Bewegungen ausgelegt sind. Über 200 Bilder pro Sekunde verarbeitet ein Fliegengehirn – weshalb Fernsehfilme mit ihren 24 bis 50 Bildern pro Sekunde für Fliegen wie ein ruckendes Daumenkino aussehen. Summt die Fliege übrigens deutlich vernehmbar auf unvorhersagbaren Bahnen durch die Luft, werden Sie von einer Gemeinen Stubenfliege heimgesucht. Die Kleine Stubenfliege ist hingegen lautlos unterwegs und vollführt bevorzugt Rundflüge in der Raummitte, gerne um eine von der Decke hängende Lampe. Beide Arten lassen sich zwischendurch zu Ruhepausen nieder, und sei der Untergrund auch noch so glatt. Mit einem klebrigen Sekret an ihren Fußpolstern haften sie mühelos selbst auf Fensterscheiben oder Spiegeln. Stehen diese lotrecht, bevorzugen es die Fliegen, den Kopf nach unten auszurichten. Nähert sich Gefahr, stoßen sie sich blitzschnell mit den Beinen ab und werfen dann ihre Flügel an.

Nervig zu sein, ist eine Sache. Doch die beharrliche Unverfrorenheit der Stubenfliege kann weitaus ernstere Konsequenzen haben. Weil sie sich überall niederlässt und mit ihrem Saug- und Leckrüssel alles probiert, nimmt sie Viren,

Bakterien und Pilze jeglicher Art auf und verteilt sie munter. Vom Komposthaufen auf das Trinkglas, von der Toilette auf die Zahnbürste, vom Biomüll auf das Käsebrot. Besonders beliebt sind auch eitrige Wunden, faulendes Fleisch und tote Tiere, die sie über charakteristische Geruchsstoffe wie Buttersäure finden. Zwar ernähren sich die erwachsenen Fliegen vor allem von zuckerhaltigen Substanzen, die sie mit ihrem Speichel auflösen und aufsaugen, doch für die Entwicklung ihres Nachwuchses brauchen sie Eiweiße. Und so legen sie ihre Eier an Orte, die für uns nicht nur eklig sind, sondern obendrein verseucht mit Erregern von Krankheiten wie Typhus, Ruhr, Cholera, Kinderlähmung und vielen weiteren. Glücklicherweise sind derartige Keime in Mitteleuropa selten geworden, sodass von ein paar Fliegen in der Wohnung kein nennenswertes Gesundheitsrisiko ausgeht. Dennoch gehören Lebensmittel, auf denen Fliegen spazieren gegangen sind, vorsichtshalber in den Müll, der dann möglichst schnell aus dem Haus sollte.

Kommt der Fliege kein hygieneversessener Mensch dazwischen und kann sie ihre 150 bis 400 Eier ablegen, schlüpfen daraus je nach Bedingungen in weniger als einem halben Tag, spätestens aber innerhalb von zwei Tagen die hellbraunen Larven, auch bekannt als Maden. Während rund einer Woche fressen sie sich dick und rund. Ihren Hunger machen sich Mediziner bei der sogenannten Madentherapie zunutze. – Vorsicht! Jetzt wird es ein wenig unappetitlich! – Die Maden mancher Fliegenarten wie der zu den Schmeißfliegen gehörenden

Goldfliege fressen nämlich ausschließlich totes Gewebe, aber kein lebendes. Darum setzen Ärzte bei besonders schwierigen chronischen Wunden im Labor gezüchtete, keimfreie Fliegenlarven ein, die den Belag von abgestorbenen Zellen besser entfernen als jedes Chirurgenmesser und damit die weitere Behandlung der Wunde ermöglichen.

Selbst wenn der Mensch bereits tot ist, können Fliegenmaden wertvolle Mitarbeiter sein. Wurde nämlich jemand ermordet und die Leiche nicht fachgerecht vergraben oder verbrannt, finden Fliegen dank flüchtiger Verwesungsprodukte wie Ethylmercaptan, Indol und Skatol mit Sicherheit einen Weg zum Opfer und legen ihre Eier. Weil jede Fliegenart auf ganz spezielle Gerüche anspricht, vermögen forensische Entomologen aus dem Gemisch der Maden und deren Entwicklungsstand recht genau den Todeszeitpunkt zu bestimmen. Dafür müssen sie allerdings eine ganze Reihe von Faktoren berücksichtigen, denn je nach Temperatur und Feuchtigkeit dauert es vom Ei über Larve und Puppe bis zur Fliege zwischen einer Woche und einem Monat. Die ausgewachsenen Fliegen leben anschließend kaum mehr als zwei oder drei Wochen bei der Kleinen Stubenfliege und bis zu sieben Wochen bei der Gemeinen Stubenfliege.

Unterm Strich spricht somit zwar vieles gegen die Fliege, einiges aber auch für sie. Vor allem, wenn wir sie nicht im Haus betrachten, sondern in ihrer natürlichen Umgebung. Dort nascht sie mit Vorliebe an Nektar und Pollen und bestäubt nebenbei Erdbeere, Brombeere und Lauchgewächse.

Ihre Maden beseitigen Tierkadaver, sie selbst sind begehrte Leckerbissen für Vögel, Frösche, Reptilien und andere kleine Fleischfresser. Und weil sich Fliegen so schnell vermehren, ist der Tisch ihrer Fressfeinde stets reichlich gedeckt. Problematisch wird es eben nur, wenn sie uns Menschen in die Quere gerät, beispielsweise, weil sie einem verführerischen Duft folgt.

Dieser Duft muss nicht unbedingt von leckerem Essen oder vergessenem Biomüll ausgehen. Auch auf den ersten Blick recht unscheinbare Dinge können für Fliegen verlockend riechen. So das Kollodium, mit dem die lichtempfindlichen Platten des italienisch-britischen Fotografen Antonio Beato beschichtet waren. Um das Jahr 1870 herum ist eine Fliege dem Geruch in das Innere der Kamera gefolgt und hat nicht wieder herausgefunden. Die Kamera wurde ihr Grab, doch das Malheur hat sie zugleich unsterblich gemacht. Auf mehreren Fotografien von Gräbern, Monumenten und Sehenswürdigkeiten prangt nämlich besagte Fliege. Wie das moderne Pendant zu Giottos und Dürers Renaissance-Scherzen.

Mehr zu Fliegen
Peter Geimer (2018) *Fliegen – Ein Portrait*. Matthes & Seitz, Berlin

ANREGUNGEN

Wann erscheinen die ersten Fliegen draußen?

Wann in der Wohnung?

Wie verhalten sich Fliegen in der Freiheit?

HIRSCHKÄFER

Das dumpfe Brummen erinnert an einen entfernten Hubschrauber. Die Augen wandern nach oben, suchen den Himmel ab, finden nichts. Doch das Geräusch kommt näher. Es klingt unregelmäßig und scheint sich in niedriger Höhe zu bewegen, etwa zwischen den Bäumen auf der alten Streuobstwiese. Also kein Hubschrauber. Jetzt erblickt jemand den Brummer und zeigt mit dem Finger auf ihn. Es ist ein Tier. Braun, etwa so groß wie eine Hausmaus. Ein Spatz vielleicht? Dann schwirrt es vorbei, macht eine unbeholfen wirkende Richtungsänderung und greift mit sechs Beinen nach einem Ast. Ein Insekt. Ein Käfer. Ein sehr großer Käfer. Die größte heimische Käferart und ein ausgesprochen imposanter Anblick.

Fast so lang wie ein Zeigefinger ist der Hirschkäfer und jetzt erst einmal damit beschäftigt, sich auf dem Ast zu orientieren. Die mächtigen Oberkiefer – fachsprachlich Mandibeln genannt – machen über ein Drittel seiner Körperlänge aus und erinnern an das Geweih eines Hirsches, daher der Name. Ein Männchen, denn bei den Weibchen sind die Mandibeln normal entwickelt. Die Weibchen werden auch nur halb so groß und fliegen nicht so gerne. Sie suchen sich lieber zu Fuß den Stamm eines alten Laubbaumes, in dessen Rinde sie eine kleine Wunde beißen, sodass der nahrhafte Saft austritt. Mit ihrem pinselartigen gelben Unterkiefer lecken sie die zähe Flüssigkeit auf und geben als eine Art Kontaktanzeige nach Käferart einen Duftstoff ab, der den Männchen im weiten Umkreis signalisiert, dass sie zur Paarung bereit sind.

Die Nachricht ist angekommen. Unser Flieger ist auf seinem Ast der Duftspur gefolgt und dabei auf einen weiteren Bewerber gestoßen. Nun wird es unweigerlich zum Kampf kommen. Mit hoch erhobenem Geweih gehen die Kontrahenten aufeinander los. Sie verhaken sich ineinander und versuchen, den anderen durch Drücken und Drehen vom Baum zu werfen. Das Kräftemessen verläuft gut für unseren Recken. Sein Gegner ist kleiner und hat kürzere Mandibeln. Er sieht fast wie ein sogenanntes Hungermännchen aus, die entstehen, wenn sie als Larve nicht genügend Nahrung gefunden haben. Das Geweih unseres Männchens ist dagegen so imposant wie seine Darstellungen auf manch altem Familienwappen.

Zu Zeiten der alten Römer hätte es ein schönes Amulett abgegeben. Heute ist der seltene Hirschkäfer geschützt und darf nicht getötet werden. Und überhaupt: Dass die abgetrennten Köpfe von Hirschkäfern Glück bringen, gegen den bösen Blick schützen oder als Orakel den Weg zu verirrten Kühen verraten, ist genauso ein Unsinn wie der Aberglaube, die Tiere zögen Blitze an oder trügen gar in ihren Zangen glühende Kohlen in Häuser, die daraufhin lichterloh abbrannten. In einigen Gegenden nennt man den Hirschkäfer aus diesem Grund Donnerkäfer, Hausbrenner oder Feuerschröter. Tatsächlich geht der Aberglaube wohl darauf zurück, dass

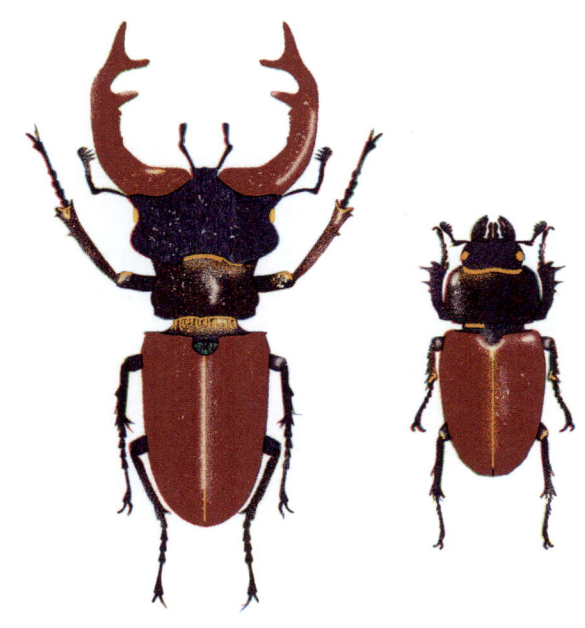

STECKBRIEF
· · · · · · · · · · · · · · · ·

DEUTSCHER NAME: Hirschkäfer
WISSENSCHAFTLICHER NAME: *Lucanus cervus*
GRÖSSE: Männchen 40 bis 80 Millimeter
VERBREITUNG: Süd-, Mittel- und Westeuropa

Hirschkäfer ihre Eier gerne an Stümpfe von Bäumen legen, die durch Blitzschlag geschädigt wurden und deren Holz weich und modrig ist. Einen wirklich praktischen Nutzen haben die Geweihe der Männchen aber nur für die Tiere selbst, und auch bei ihnen sind sie fast ausschließlich für den Kampf zu gebrauchen.

Unser Käfer hat inzwischen gewonnen, sein Nebenbuhler zappelt am Fuße des Baumes im Gras. Abgesehen von seinem angeknacksten Stolz trägt er keine Verletzungen davon. Hirschkäfer praktizieren sogenannte Kommentkämpfe, bei denen es lediglich darum geht, den Stärkeren zu ermitteln.

Der Sieger krabbelt weiter zur Dame seines Herzens. Von hinten klettert er über das Weibchen und senkt als Sperre sein Geweih vor ihrem Kopf. Manchmal verharren die beiden mehrere Tage in dieser Position, während sie von dem Baumsaft schlecken. Der Energietrunk gibt den Tieren ein wenig Kraft, doch er kann nicht verhindern, dass es mit der Kondition der Käfer von dem Tag an, an welchem sie aus der Erde gekrabbelt sind, stetig abwärtsgeht. Länger als ein paar Wochen haben die fertig ausgewachsenen Käfer nicht zu leben. Vielleicht benötigen sie deshalb diese Ruhepause, bevor sich die beiden endlich paaren. Kann das Männchen anschließend noch ein paar Kraftreserven mobilisieren, folgt es der Duftspur des nächsten Weibchens. Auch wenn es wohl kein noch so starkes Mannsbild auf die Zahl an Damen bringen wird, die Heinz Erhardt dem Käfer scherzhaft in seinem Gedicht unterschiebt:

Ein Hirschkäfer, der weidete mit seinen siebzehn Rehen,
und jedermann beneidete ihn um die vielen Ehen.

Das Weibchen sucht indessen den morschen Wurzelstock eines Laubbaumes. Besonders begehrt sind Eichen, aber auch Linden, Buchen, Pappeln oder Obstbäume werden gerne genommen. Wichtig ist, dass das Holz bereits von Pilzen befallen und modrig ist, damit sich die Larven durchfressen können. Diese schlüpfen aus den Eiern, die das Weibchen in rund einem halben Meter Tiefe neben die Wurzel legt. Zweimal häuten sich die Engerlinge und erreichen dabei unter optimalen Bedingungen mehr als zehn Zentimeter Länge, bevor sie sich nach rund drei Jahren verpuppen. Läuft es nicht so gut, dauert das Larvenstadium bis zu acht Jahre an, und trotzdem bleiben die Tiere kleiner. Um die ersten Septembertage brechen die Käfer ihre Puppenhülle auf. Sie sind nun fix und fertig inklusive Geweih, aber den Winter verbringen sie noch im isolierenden Boden. Erst im Frühling graben sie sich bis dicht unter die Oberfläche, und wenn es ab Mitte Mai ausreichend warm ist, erscheinen zuerst die Männchen und ein bis zwei Wochen später auch die Weibchen.

Leicht zu finden sind die Käfer trotz ihrer Größe nicht. Einmal, weil der Hirschkäfer so selten ist, dass er auf der Roten Liste als «stark gefährdet» geführt wird, weil es in unseren übermäßig aufgeräumten Wäldern, Gärten und Parks an Totholz fehlt, in dem sich die Larven entwickeln könnten. Außerdem sind die Käfer anfangs nur in der Dämmerung und bei

Nacht unterwegs, während sie sich tagsüber verborgen halten. Die größten Chancen, einen zu entdecken, haben Sie von Mitte Mai bis Mitte Juli in der Abenddämmerung auf Waldlichtungen und an Waldrändern, aber auch auf Obstwiesen, in Parks und Gärten sowie Alleen, wo noch genügend alte Bäume und Baumstümpfe stehen dürfen. Auf Eichen fixiert, wie man früher dachte, sind die Hirschkäfer hingegen nicht.

Falls Ihnen das Glück bei der Suche nach dem Hirschkäfer in der freien Natur nicht gewogen sein sollte, werden Sie vielleicht auf so manchem Gemälde fündig. Die berühmteste Zeichnung eines Hirschkäfers stammte von Albrecht Dürer. Aber auch andere Künstler waren fasziniert von dem sechsbeinigen Geweihträger und haben ihn auf Malgrund gebannt. So erzielte eine Studie von Jan Kessel dem Älteren bei einer Auktion in Zürich immerhin einen Preis von 155 000 Franken. Weitaus wertvoller und sogar kostenlos zugänglich ist jedoch der Hirschkäfer von Stefan Lochner in der Marienkapelle des Kölner Doms. Am unteren Rand des rechten Außenflügels am Altar der Stadtpatrone krabbelt er seit 1440 zu Füßen der Edlen, die zur Geburt Christi gekommen sind.

Mehr zu Hirschkäfern

Bernhard Klausnitzer, Eva Sprecher-Uebersax (2008) *Die Neue Brehm-Bücherei – Die Hirschkäfer.* Spektrum Akademischer Verlag, Heidelberg

ANREGUNGEN

Einen Hirschkäfer zu sehen, ist etwas Besonderes. Fassen Sie ihn aber besser nicht an. Erstens ist es verboten, die Tiere an einen anderen Ort zu bringen, und zweitens können sie mit ihren großen Kiefern fest kneifen.

Wann haben Sie einen Hirschkäfer gesehen?

Wo?

In welchem Lebensraum (Garten, Wald, Park, Wiese, ...)?

Was hat der Käfer gemacht?

Schicken Sie Ihre Daten am besten an den angegebenen Kontakt auf www.hirschkaefer-suche.de

STECKBRIEF

· · · · · · · · · · · · · · · · · ·

DEUTSCHER NAME: Menschenfloh
WISSENSCHAFTLICHER NAME: *Pulex irritans*
GRÖSSE: 2 bis 4 Millimeter
VERBREITUNG: ganz Europa

FLOH

Schuld ist vermutlich das Meerschweinchen. Als der Mensch vor rund 7000 Jahren begann, die kleinen Nager wegen ihres Fleisches und ihres Pelzes zu züchten, machte er unbeabsichtigt auch Bekanntschaft mit ihren Parasiten. Und seitdem sind sie unzertrennlich: der Mensch und der Floh. Über den ganzen Globus verbreiteten unsere Vorfahren den Blutsauger. Flöhe waren überall dabei. Sie stachen europäische Steinzeitmenschen, nervten altägyptische Arbeiter und setzten Ötzi auf seinem Weg über die Alpen zu. Auch wenn bislang niemand genau weiß, wie sie es so schnell aus der südamerikanischen Heimat der Meerschweinchen nach Europa, Asien und Afrika geschafft haben, wurde schon immer gekratzt.

Dabei sind Flöhe mit zwei bis vier Millimetern nur etwa so groß wie ein Streichholzkopf und leicht zu übersehen. Unbemerkt bleiben sie allerdings nicht lange. Häufig genügen ein einziger Floh und eine einzige Nacht, und am nächsten Morgen ist der ganze Körper übersät von roten, juckenden Quaddeln. Flöhe stechen nämlich nicht einfach ihre Mundwerkzeuge durch die Haut, um Blut zu zapfen, sondern sie geben wie Mücken dabei ein gerinnungshemmendes Sekret ab, das Entzündungen und manchmal eine allergische Reaktion auslöst. Seinen wissenschaftlichen Namen, *Pulex irritans,* also *ärgerlicher Floh*, hat der Blutsauger sich also redlich verdient.

Als wahrhaft egalitäre Plagegeister piesacken sie dabei Kaiser wie Bettelmann. «Es war einmal ein König, der hatt' einen großen Floh», heißt es dementsprechend in Modest Petrowitsch Mussorgskis *Flohlied*. Ein Titel, der es bei den Komponisten wohl kribbeln ließ, denn auch Franz Liszt, Ludwig van Beethoven, Franz Schubert und Richard Wagner hatten Flohlieder in ihrem Repertoire. Und den Flohwalzer können selbst viele Nichtpianisten ganz passabel auf dem Klavier spielen.

Besonders die Mächtigen zu zwicken und zu zwacken – das gefiel stets auch Satirikern und Kabarettisten, die sich darum nach dem stechenden Hüpfer benannten. Etwa die österreichische Wochenzeitschrift *Der Floh*, die europäische Politik von 1869 an bis in den Ersten Weltkrieg hinein und wieder hinaus kommentierte.

Am schlimmsten setzten den Menschen die echten Flöhe im Mittelalter zu. Bei den verheerenden Pestepidemien waren sie es, die das Bakterium *Yersinia pestis* von der Ratte auf den Menschen und von Mensch zu Mensch übertrugen. Mehr als ein Drittel der damaligen Bevölkerung Europas fiel der Seuche zum Opfer – prozentual gesehen war die Pest tödlicher als jeder Krieg.

Dabei hatten sie nur Hunger. Bis zum Zwanzigfachen dessen, was in seinen Magen geht, zapft ein Floh in einer Nacht. Der größte Teil davon kommt kaum verdaut gleich wieder am anderen Ende heraus und dient als Nahrung für die Larven, die sich in Kissen, Matratzen oder Teppichen verstecken. Werden sie regelmäßig gefüttert, verpuppen sie sich und warten anschließend bis zu einem halben Jahr auf den richtigen Zeitpunkt, um zu schlüpfen und ihrerseits das Opfer zu piesacken. Haben sich die Tiere verschätzt und ist doch kein Wirt in der Nähe, können sie aber auch problemlos weitere zwei bis acht Wochen ohne Nahrung bleiben. Wenn er aber das erste Mal Blut gesaugt hat, wird es ernst für den Floh: Ab jetzt überlebt er gerade einen Tag ohne Nachschub.

Um rechtzeitig einen Wirt zu erreichen, ist der Floh mit kräftigen Hinterbeinen ausgestattet, die ihm wirklich große Sprünge ermöglichen. Fast einen Meter schaffen die Tiere, indem sie in den Gelenken ein elastisches Protein unter Spannung setzen und sich dann von der gespeicherten Energie in die Lüfte katapultieren lassen. Weil sie ihren Flug nicht steuern können, müssen sie wie beim Flohspiel der Kinder vor dem Absprung sorgfältig zielen. Eine zweite Chance gibt es häufig nicht.

Was schiefgehen kann, wenn man seinen Zeitgenossen im sprichwörtlichen Sinne einen Floh in den Pelz setzen möchte, erlebte 1683 der Marburger Jurist Otto Philipp Zaunschliffer, als er mit der Abhandlung *De pulicibus* (*Über Flöhe*) die schlüpfrigen Gedanken seiner Studenten lächerlich machen wollte – und damit unfreiwillig sein einziges Werk schuf, das bis ins 20. Jahrhundert immer wieder neu aufgelegt wurde. Damit war das Buch zweifellos eines der erfolgreichsten Exemplare der sogenannten Flohliteratur, wie sie im deutschsprachigen

Raum vor allem vom 16. Jahrhundert an verbreitet war und sich zusammen mit dem Floh bis in das 19. Jahrhundert im Bewusstsein präsent hielt, indem sie ein humorvolles Gegengewicht zu den moralisierenden Großtieren der klassischen Fabeln entwarf. Im Gegensatz zur trägen Laus tritt der Floh hier stets als fleißig, witzig und intelligent auf. Außerdem wohlgelaunt, wie der britische Insektenkundler William Kirby vor rund 200 Jahren bemerkte, man habe noch nie einen mürrischen Floh gesehen.

In jüngerer Zeit ist es allerdings ruhig geworden um den Menschenfloh. Während die Kopflaus in Kitas, Kindergärten und Schulen regelmäßig ihre großen Auftritte feiert, haben Staubsauger, Waschmaschine und Insektizide den Menschenfloh bei uns weitgehend ausgemerzt. Sehr zum Verdruss der Betreiber von Flohzirkussen, denen mit den weiblichen Menschenflöhen die kräftigsten und damit begabtesten Artisten fehlen. Stattdessen müssen sie mit Hunde- und Katzenflöhen vorliebnehmen, die viele Tierhalter aus eigener Erfahrung kennen. Ein schwacher Ersatz, weshalb Flohzirkusse mittlerweile ähnlich rar geworden sind wie der Menschenfloh.

Geblieben sind die Redewendungen und Metaphern. Vom Flohmarkt, auf dem gebrauchte Kleider angeboten werden, in denen angeblich noch die Flöhe hocken. Vom Stress, einen Sack Flöhe hüten zu müssen. Und vom Floh, den uns jemand ins Ohr gesetzt hat. So ganz werden wir die Flöhe wohl doch nicht los.

ANREGUNGEN

Lust auf eine ungefährliche Flohjagd? Suchen Sie doch einmal in Wörterbüchern und auf Webseiten nach Sprichwörtern und Redewendungen mit Flöhen und wie diese entstanden sind.

Mehr zu Flöhen

E. T. A. Hoffmann (1986) *Meister Floh*. Reclam, Ditzingen
Fritz Peus (2006) *Die Neue Brehm-Bücherei – Flöhe*. VerlagsKG Wolf, Magdeburg

MARIENKÄFER

Das Glück hat sieben Punkte. Haben Sie auch als Kind mit Freude Marienkäfer gefangen und fasziniert beobachtet, wie sie auf Ihrer Hand nach oben gekrabbelt sind, um am höchsten Punkt die Deckflügel zu heben und davonzufliegen?

> *Marienwürmchen, setze dich*
> *Auf meine Hand, auf meine Hand,*
> *Ich tu dir nichts zu Leide.*
> *Es soll dir nichts zu Leid gescheh'n,*
> *Will nur deine bunten Flügel seh'n,*
> *Bunte Flügel meine Freude.*

So hieß es schon in der Volksliedsammlung *Des Knaben Wunderhorn* von Clemens Brentano und Achim von Arnim aus dem frühen 19. Jahrhundert, vertont von Johannes Brahms. Und ebenso haben die Brüder Grimm das Spiel der Kinder mit dem kleinen Käfer beobachtet: «Das schöne, bunt punktierte Marienwürmchen setzen sie sich auf die Fingerspitzen und lassen es auf- und abkriechen, bis es fortfliegt.» Gemeinsam mit Schmetterlingen dürften Marienkäfer die Lieblingsinsekten der Kinder sein. Und nicht nur der Kinder.

Rund 20000 Jahre alt ist das früheste bekannte Marien-

Larve

Adulter Käfer

STECKBRIEF

• • • • • • • • • • • • • •

DEUTSCHER NAME: Asiatischer Marienkäfer
WISSENSCHAFTLICHER NAME: *Harmonia axyridis*
GRÖSSE: 6 bis 8 Millimeter
VERBREITUNG: West- und Mitteleuropa

käferamulett aus Elfenbein, das im französischen Lauge-rie-Basse gefunden wurde. Ein jungsteinzeitlicher Schmuck, der vielleicht schon damals seiner Trägerin Glück bringen sollte. Später sah man in den sieben schwarzen Flecken auf dem orangeroten Panzer ein Symbol für die vier irdischen Elemente, kombiniert mit der göttlichen Dreifaltigkeit – und in den Käfern himmlische Boten, die den Menschen schützen und ihm Freude bescheren sollten. Dabei haben die meisten Marienkäfer gar keine sieben Punkte. Und sie sind auch nicht immer rotorange.

Das Farbspektrum der etwa 70 Arten von Marienkäfern, die im deutschsprachigen Raum anzutreffen sind, reicht von Gelb über Orange und diverse Brauntöne bis zu tiefem Schwarz. Auf den Deckflügeln tragen sie zwei, vier, sieben, zehn oder mehr, ja, bis zu 24 Punkte. Diese geben übrigens keineswegs das Alter des Käfers an – in der Regel leben die Tiere nur we-nige Monate bis zu einem Jahr –, sondern die Anzahl verrät uns, welcher Art der Käfer angehört. Selbst darauf, dass die Punkte immer schwarz sind, können wir uns nicht verlassen. So gibt es beispielsweise vom kleinen Zweipunkt-Marienkä-fer, oder kurz Zweipunkt, neben der klassischen roten Vari-ante mit schwarzen Punkten auch eine schwarze Form mit roten Flecken.

Allen Marienkäfern gemeinsam ist, wie sie mit ihrer auffäl-ligen Färbung deutlich davor warnen, dass sie unangenehm bitter schmecken und obendrein giftig sind. Das demonstrie-ren sie auch uns Menschen, wenn sie sich von uns bedroht fühlen. Dann geben die Käfer an den Gelenken ein stinkendes, gelbliches Sekret ab, das für uns zwar nicht gefährlich ist, aber doch die Freude an dem Spiel mit dem Glücksbringer etwas trübt.

So mancher sieht in dem Marienkäfer aber keinen Spielgefährten, sondern vielmehr eine Arbeitshilfe. Landwirte schätzen ihn als hervorragenden Schädlingsbekämpfer ohne Nebenwirkungen. Bis zu 250 Blattläuse vertilgt ein ausgewachsener Käfer am Tag, und davor hat er während seines Daseins als Larve bereits weitere Hunderte Schädlinge gefressen. Das muss ihm die Jungfrau Maria aufgetragen haben, glaubten einst die frommen Landleute und nannten ihren sechsbeinigen Verbündeten darum Marienkäfer. Allerdings nur in katholischen Regionen, während evangelische Bauern lieber von Herrgottskäfer, Herrgottswürmchen oder Himmelskäferlein sprachen. Zur Namensverwirrung um den Marienkäfer trug das nur wenig bei, angesichts der mehr als 1500 regionalen Bezeichnungen, die teilweise auch heute noch gebräuchlich sind. So freuen sich die Berliner über den Mariechenkäfer, bestaunen Sachsen die Himmelmiezel, fangen Nordhessen das Muhküfchen und sprechen Bewohner des Niederrheins wegen des gelben Abwehrsekrets vom Olichsvöjelche (Ölvögelchen). Der moderne Landwirt bestellte bis zum Ende des vorigen Jahrhunderts für die biologische Schädlingsbekämpfung hingegen meist wissenschaftlich korrekt *Harmonia axyridis* – den Asiatischen Marienkäfer. Und holte damit unwissentlich den größten Feind der einheimischen Arten ins Land.

Bis zur Jahrtausendwende waren die häufigsten Marienkäferarten bei uns der Zweipunkt und der fast doppelt so große Siebenpunkt. Weil der Asiatische Marienkäfer aber weitaus gieriger ist und bis zum Fünffachen an Blattläusen frisst, haben die Landwirte in Europa und den USA für ihre Felder und Gewächshäuser lieber auf diesen Hochleistungskäfer gesetzt. Wir erkennen ihn an seinen meist 19 Punkten und an dem W-förmigen Muster auf dem Kopfschild. Auf seine Grundfarbe können wir uns hingegen nicht verlassen, denn davon gibt es so viele Variationen, dass sie dem Tier sogar den Namen «Harlekin-Marienkäfer» eingebracht haben. Das wahre Geheimnis des Asiatischen Marienkäfers bleibt dem Auge aber verborgen: Er ist ein Meister der biologischen Kriegsführung.

Zunächst einmal weiß der Harlekin sich gegen angreifende Bakterien zu verteidigen. Mit über 50 verschiedenen Eiweißstoffen hält er sich Krankheitserreger effektiver vom Leib als alle anderen Tiere. Ein Abwehrstoff mit der Bezeichnung Harmonin hat sich im Experiment sogar als wirksam gegen die Erreger von Tuberkulose und Malaria erwiesen. Ob wir das Marienkäferextrakt eines Tages in der Apotheke kaufen können, muss jedoch erst noch in aufwendigen Testreihen geklärt werden. Besonders perfide ist aber, dass der Asiatische Marienkäfer in seinem Blut einen einzelligen Parasiten trägt, der ihm selbst, vermutlich wegen des natürlichen Medikamentencocktails, nichts anhaben kann. Nun haben Marienkäfer einen gewissen Hang zum Kannibalismus, wenn sie zufällig ein paar fette Larven der Verwandtschaft aufstöbern. Frisst ein Siebenpunkt aber die Larve eines Asiatischen Marienkäfers, so nimmt er die Parasiten auf und stirbt in Ermangelung geeigneter Gegenmittel an der Infektion. Umgekehrt geschieht einem Asiatischen Käfer, der Zweipunkt- oder Siebenpunktlarven verspeist, rein gar nichts. Ein womöglich entscheidender Vorteil im Ringen um die Vorherrschaft in unseren Gärten und Parks.

Seit 2001 in Belgien der erste Asiatische Marienkäfer jenseits kontrollierter Felder gesichtet wurde, verbreitet sich die Art wie ein Steppenbrand über Mitteleuropa und verdrängt dabei die alteingesessenen Arten. Inzwischen gilt der Zweipunkt in Deutschland als vom Aussterben bedroht, während sich der Siebenpunkt anscheinend zu behaupten vermag, weil er ein anderes Ass ausspielen kann: Er kommt besser mit der Klimaerwärmung zurecht, indem er in den wärmeren Sommern die zusätzlich gefressenen Blattläuse effektiver in Fettreserven für den Winter umwandelt als der Harlekin.

Übrigens sind die einheimischen Marienkäfer nicht die Einzigen, die unter der Invasion leiden. Auch für manche Winzer werden die mitunter massenhaft auftretenden asiatischen Zuwanderer gelegentlich zu einem Problem. Ausgerechnet während der Zeit der Weinlese verkriechen sich die Tiere nachts zum Schutz gerne zwischen den Weintrauben. Geraten sie bei der Lese in die Maische oder den Most, verdirbt ihr Hämolymphe genanntes Blut, das sie auch als Abwehrsekret verwenden, den Wein und macht ihn bitter.

Im Garten, im Park oder auf dem Balkon dürfen wir uns aber weiterhin über jeden Marienkäfer – auch den Harlekin – freuen. Besonders, wenn wir darauf hoffen, dass bald die Hochzeitsglocken läuten. Landet in der Provence ein Marienkäfer auf einem Mann, so neigt sich sein Junggesellendasein dem Ende zu. Und Frauen können abzählen, wie lange es dauert, bis sie unter die Haube kommen, indem sie einen Käfer auf die Spitze ihres Zeigefingers setzen: Jede Sekunde, bevor er abfliegt, steht für ein weiteres Jahr als Single.

Mehr zu Marienkäfern
Bernhard Klausnitzer (2019) *Wunderwelt der Käfer.* Springer, Heidelberg, Berlin

Wann und wo haben Sie die verschiedenen
Arten von Marienkäfer gesehen?

ZWEIPUNKT-MARIENKÄFER

Wo?

Wann?

SIEBENPUNKT-MARIENKÄFER

Wo?

Wann?

ASIATISCHER MARIENKÄFER

Wo?

Wann?

STECKBRIEF
· · · · · · · · · · · · · · ·

DEUTSCHER NAME: Europäische Gottesanbeterin
WISSENSCHAFTLICHER NAME: *Mantis religiosa*
GRÖSSE: bis 75 Millimeter
VERBREITUNG: Südwestdeutschland und
– seltsamerweise – Berlin-Schöneberg

GOTTESANBETERIN

Sie ist leicht zu übersehen. Stundenlang steht sie unbeweglich da. Langgestreckt und schlank, der Kopf dreieckig mit riesigen Facettenaugen. Vor allem aber diese Arme. Scheinbar andächtig erhoben wie zum Gebet. Dabei mit spitzen Dornen bestückte Gliedmaßen, zusammengefaltet wie ein Klappmesser – und genauso tödlich.

Für sich allein betrachtet wirkt die Gottesanbeterin wie ein Wesen aus einer fernen Welt, in ihrem Lebensraum eher wie ein Zweig oder ein gerolltes Blatt. Während ihrer Jugend im Laufe des Frühlings hat sie sich farblich an die Umgebung angepasst. Wo saftiges Gras den Boden bedeckt, ist ihr Körper grün, hingegen braun, wenn sie in trockener Vegetation aufgewachsen ist. Die Tarnung lässt sie mit dem Untergrund verschmelzen. Nicht nur für uns Menschen, sondern auch für Fliegen, Schmetterlinge, Bienen, Heuschrecken und Spinnen. Nichtsahnend fliegen oder krabbeln sie in die Nähe der Lauerjägerin, die mit ihren großen Augen einen räumlichen Blick hat, den sie mit sanften Pendelbewegungen des Kopfes noch verbessert. Sitzt die Beute zu weit weg, pirscht sie sich schaukelnd, als sei sie ein Blatt im Wind, langsam näher. Was dann geschieht, kann das menschliche Auge nicht auflösen. In weniger als einem Wimpernschlag streckt sich die Gottesanbeterin und schleudert die nun geöffneten Fangarme nach vorne. Beim Zuklappen bohren sich die Dornen in die Beute, durchdringen den Panzer und machen jede Flucht unmöglich. Den Bruchteil einer Sekunde später hat die Gottesanbeterin ihr Opfer auch schon zu den Mundwerkzeugen gezogen und lähmt es mit einem Biss ins Genick – bevor sie es ganz in Ruhe bei lebendigem Leibe auffrisst.

Elegant, eiskalt, grausam – vor allem die französischen Dichter des Surrealismus waren fasziniert von der menschenähnlichen Gestalt, mit der fast aufrechten Haltung, dem beweglichen Kopf, dem zielgerichteten Blick, der beinahe eine Mimik erahnen lässt. Persönlich betroffen fühlten sich die Herren der ersten Hälfte des 20. Jahrhunderts in Anbetracht der Neigung weiblicher Gottesanbeterinnen, ihre männlichen Partner gelegentlich nach – und ab und zu gar während – des Geschlechtsaktes zu verspeisen. So sehe die «ideale sexuelle Beziehung aus», schrieb Paul Éluard. «Der Liebesakt setze den Mann herab und erhebe die Frau; es sei also natürlich, dass sie ihre vorübergehende Überlegenheit ausnutze und ihn verschlinge, mindestens töte.» Roger Caillois erkannte immerhin, dass menschliche Ehemänner in der Regel den Vorgang weitgehend unbeschadet überstehen, doch auch er sah die Gottesanbeterin als Symbol für die Instinkte, die unser rationales Denken manches Mal zu unterdrücken vermögen. Womit er genau die Ansicht Sigmund Freuds traf, der sich den französischen Poeten gleich eine Gottesanbeterin als Haustier hielt.

Den Mythos vom männerfressenden Weibsbild haben die

Dichter und Denker allerdings etwas auf die Spitze getrieben. Zwar stimmt es, dass die Weibchen der Gottesanbeterin das deutlich kleinere Männchen durchaus als willkommenen Snack ansehen und am Kopf beginnend auffressen, während der Hinterleib dank seines autonomen Nervensystems noch eifrig die Kopulation fortführt. Doch ist dies in der freien Natur eher die Ausnahme. In etwa zwei Dritteln der Fälle gelingt dem Freier nach der mehrere Stunden andauernden Paarung im wörtlichen Sinne der rechtzeitige Absprung und die Flucht. Sitzt das Männchen jedoch zusammen mit der Dame seiner Wahl in einem menschgemachten Gefängnis, scheitert der Gedanke an ein Weiterleben natürlich, sobald sich im Weibchen der Hunger meldet und der Partner von eben nur noch nach eiweißreicher Beute aussieht.

Sie hat schließlich über hundert Eier zu entwickeln, die sie einige Tage später in Bodennähe als Oothek genanntes Paket an Gräser oder Steine legt und mit einem härtenden Schaum vor den Unbilden der Umwelt schützt. In dieser Form überwintert die kommende Generation, wohingegen ihre Eltern mit Einsetzen der kühleren Jahreszeit spätestens Anfang November regungslos an Zweigen und auf Steinen sitzend dahinscheiden – sofern sie nicht vorher von einem Vogel oder einem Marder gefressen werden.

Die frischen Larven schlüpfen, sobald es im Mai oder Juni wärmer wird, und häuten sich während der Wachstumsphase mehrmals, wobei sie als sogenannte Nymphen bereits wie verkleinerte Ausgaben der Erwachsenen oder Imagos aussehen. Im Juli und August sind die Tiere ausgewachsen und beginnen mit der Brautschau einen weiteren Zyklus.

Mit etwas Glück können wir sie inzwischen an immer mehr Orten in Deutschland entdecken. Vor allem dort, wo es warm ist und reichlich Insekten als Beute vorkommen, fühlt sich die Gottesanbeterin wohl. Gras- und Buschlandschaften mit reichlich Sonneneinstrahlung, Halbtrockenrasen und Gebiete mit wenig Störungen wie Tagebaulandschaften und Truppen-übungsplätze sind ideal, aber auch den heimischen Garten mit reichlich Blüten für nektarsaugende Besucher nimmt die Gottesanbeterin gerne an. Im Westen Europas sind die Tiere über die sogenannte burgundische Pforte von Spanien über Südfrankreich, das Schweizerische Wallis und Basel die Rhein-ebene entlang nach Norden gelangt. Gleichzeitig wanderten im Osten Gottesanbeterinnen vermutlich über das Elbetal aus Tschechien und Zentraleuropa ein. Obwohl sie selbst am son-nenverwöhnten Kaiserstuhl in Baden-Württemberg, wo die größten Populationen leben, nicht in Massen auftreten, hat die Gottesanbeterin bereits jetzt so weit vom Klimawandel profitiert, dass sie vielleicht von der Roten Liste der geschüt-ten Arten gestrichen werden kann.

In Mitteleuropa kommt von den weltweit rund 2400 Arten der Fangschrecken allein die Europäische Gottesanbeterin vor. Ihren wissenschaftlichen Namen *Mantis religiosa* verdankt sie der Seherin Manto aus der griechischen Mythologie – «Mantis» bedeutet «Seherin», «Wahrsagerin», «Prophetin« – sowie der vermeintlich demütigen Haltung ihrer Fangbeine.

Auch im Alten Ägypten wurde die Gottesanbeterin verehrt. Sie ist nicht nur im Totenbuch als Hieroglyphe zu finden, sondern auch in den Wandmalereien der Gräber von Ramses II. und Sethos I. verewigt. Sogar winzige Sarkophage mit einbalsamierten und mumifizierten Gottesanbeterinnen haben Archäologen gefunden. Weiter im Süden Afrikas ist die Gottesanbeterin für die Buschmänner nicht weniger als die Urahnin aller Lebewesen, und in der Türkei hält sich der Glaube, die Tiere würden sich stets Richtung Mekka wenden. In China stehen dagegen die martialischen Fähigkeiten der Tiere im Vordergrund. Der Legende zufolge soll der Mönch Wang Lang vom Kampf zwischen einer Gottesanbeterin und einer viel größeren Zikade zum Kung-Fu-Stil der Gottesanbeterin inspiriert worden sein. Regelrecht negativ sehen eigentlich nur die Menschen in Süditalien die Gottesanbeterin. Dort nennt der Volksmund sie – vollkommen zu Unrecht – «Hennenwürger» und unterstellt ihr, Unglück und Krankheit zu verbreiten. Aber schon in Südfrankreich glaubt man das Gegenteil und verbindet mit der Gottesanbeterin gar heilende Kräfte.

Überhaupt scheinen die Franzosen einen regelrechten Narren an dem Tier gefressen zu haben. Schließlich hat mit dem Naturforscher Jean-Henri Fabre einer der ihren als Erster die Gottesanbeterin ausgiebig beobachtet und erforscht. In seinem letzten Wohnort, Sérignan du Comtat, erinnert darum ein Museum an seine Arbeit, und auf einer Verkehrsinsel steht eine riesige Gottesanbeterin aus Metall. Womit zumindest eine Gottesanbeterin wirklich nicht zu übersehen ist.

ANREGUNGEN

Haben Sie selbst eine Gottesanbeterin beobachtet?

Wo?

Wann?

In welcher Art von Lebensraum (Garten, Wiese, Feld, ...)?

Welche Farbe hatte sie?

Was hat die Gottesanbeterin gemacht?

Mehr über Gottesanbeterinnen

M. K. Berg, C. J. Schwarz und J. E. Mehl (2011) *Die Neue Brehm-Bücherei – Die Gottesanbeterin, Mantis religiosa*. Verlag Westarp Wissenschaften, Hohenwarsleben

KOPFLAUS

Sie sind unsere treuesten Begleiter, doch zu unseren Freunden zählen wir sie nicht gerade: Läuse plagten unsere Vorfahren schon, bevor diese sich zur heute einzigen Menschenart, dem *Homo sapiens*, entwickelt hatten. Sie quälten die Neandertaler ebenso wie amerikanische Ureinwohner, die von Kolumbus noch nichts ahnten, ägyptische Pharaonen wie parfümierte Adlige am Hofe des Sonnenkönigs Ludwig XIV. – und unsere Kinder bringen sie häufig aus dem Kindergarten oder von der Klassenfahrt mit.

> *Die Flöhe und die Läuse,*
> *Die hatten sich beim Schopf*
> *Und kämpften gar gewaltig*
> *Auf eines Buben Kopf.*

So dichtete Theodor Storm nicht ohne Grund. Tatsächlich sind Kinder weitaus häufiger von Kopfläusen befallen als Erwachsene, was nichts mit dem Alter zu tun hat, sondern damit, dass die Kleinen öfter ihre Köpfe zusammenstecken und den Läusen damit einen bequemen Übergang ermöglichen. Denn so nervig die Tiere auch sind – es ist nicht leicht, eine erfolgreiche Kopflaus zu sein.

Da wäre beispielsweise der ständige Hunger. Alle zwei bis

STECKBRIEF

· · · · · · · · · · · · · ·

DEUTSCHER NAME: Kopflaus

WISSENSCHAFTLICHER NAME: *Pediculus humanus capitis*

GRÖSSE: bis 3 Millimeter

VERBREITUNG: ganz Europa

vier Stunden muss eine erwachsene Laus Blut zu sich nehmen. Und es muss unbedingt Menschenblut sein. Eine Kopflaus, die bei der Suche nach einem neuen Wirt buchstäblich auf den Hund gekommen ist, hat eine schlechte Wahl getroffen und muss innerhalb der nächsten ein bis zwei Tage ebenso verhungern wie Artgenossen, die ihr Glück am Stoff einer Mütze, eines Pullovers oder eines Kuscheltiers probieren. Lediglich der Weg von menschlichem Haupthaar zu Haupthaar verspricht den gewünschten Erfolg, und die Laus tut gut daran, sich bei ihrem neuen Menschen sofort wieder fest mit allen Sechsen um ein paar Haare zu klammern. Darin sind sie immerhin so gut, dass Kopfläuse keine Probleme haben, selbst eine tägliche Haarwäsche mit Shampoo zu überstehen. Sie werden dabei lediglich sauberer.

Knurrt der Laus der Magen, wandert sie an ihrem Haar entlang zur Kopfhaut, die sie mit einem klingenartigen Fortsatz am eigenen Kopf aufritzt. Damit das austretende Blut nicht sofort gerinnt, spuckt sie ein wenig Speichel hinein, während sie den roten Saft aufsaugt. Im Prinzip könnten Kopfläuse dabei Krankheitserreger übertragen, wie es die nahe verwandte Kleiderlaus tut, doch weil die betreffenden Bakterien in Mitteleuropa extrem selten sind, geschieht dies in unseren Breiten zum Glück nicht. Allerdings fängt es nach einiger Zeit an zu jucken, denn unser Immunsystem erkennt sehr wohl, dass der Läusespeichel fremde Stoffe enthält, und wehrt sich mit Schwellungen und eben einem starken Juckreiz. Meistens bemerken wir erst daran, dass sich auf unserem Kopf Läuse eingenistet haben. Reichlich spät, wenn es der erste Befall ist, weil das Immunsystem für seine Reaktion rund einen Monat braucht, in dem sich die Läuse längst vom einen zum anderen ausgebreitet haben. Später, wenn unsere Abwehr den Feind bereits kennt, dauert es vom Biss bis zum Jucken nur noch zwei Tage.

Besonders beliebte Stellen sind «im schmalen Strich des Scheitels hinterm Muschelohr», wie der deutsche Dichter Adolf Endler wusste, sowie an den Schläfen und im Nacken. Hier ist es zuverlässig warm und feucht, weshalb die weiblichen Kopfläuse ihre Eier mit Vorliebe an diesen Stellen an die Haare kleben. Im Verlaufe von rund drei Wochen produziert eine Läusedame um die zehn Eier pro Tag, die in ihrer strapazierfähigen Hülle als Nissen bezeichnet werden. Eine Woche später schlüpfen die Larven, die mit einem bis zwei Millimetern zwar noch deutlich kleiner sind als ihre drei Millimeter langen Eltern, aber ansonsten bereits aussehen wie die Großen. Bei der Färbung richten sie sich ganz nach ihren Menschen: Sind die Haare der Wirte vorwiegend blond, bleiben die Läuse eher durchscheinend blass, in dunkelhaarigen Populationen werden sie bräunlich dunkel. Allzu leicht soll das Entlausen schließlich nicht fallen.

Übrigens lausen sich Affen weniger wegen der Läuse. Hauptsächlich geht es bei der gegenseitigen Fellpflege um den sozialen Kontakt, sozusagen das wohlmeinende Miteinander. Allerdings mit einem Hauch von Berechnung, denn nur wer mich laust, dem putze ich auch das Fell oder tue ihm einen anderen Gefallen, denken sich Schimpansen und Paviane. Und nicht nur die. «Ja, deine Läuse fing ich dir. Jetzt fängst du meine», schrieb wiederum Adolf Endler genießerisch in seinem Gedicht *Läusesuchen*.

Als Genuss sehen die meisten Eltern es nicht an, wenn sie auf dem Kopf ihrer Kinder Läuse erblicken. Besonders nach den Sommerferien, wenn die Kleinen am Strand, im Zelt oder einfach beim Zusammensein viel Kopfkontakt mit Freunden hatten, ist die Trefferquote hoch. Wobei Mädchen häufiger betroffen sind als Jungen. Nicht wegen der längeren Haare, sondern wohl eher aufgrund ihrer Tendenz zu sozialeren Spielen. Griff man in solchen Fällen früher zur Schere oder chemischen Keule, sind inzwischen Präparate auf dem Markt, die sich in die Atmungsöffnungen der Läuse setzen und diese verstopfen. Dann ist schnell Schluss mit dem Läusedrama. Vorausgesetzt, es machen im Kindergarten oder in der Schule alle mit. Denn so mancher, dem eine Laus nicht nur über die Leber gelaufen ist, sondern sich auch auf dem Kopf eingenistet hat, verleugnet das Malheur energisch aus Angst, als unhygienisch zu gelten. Zu Unrecht, denn Läuse unterscheiden nicht zwischen sauberen und schmutzigen Köpfen. Oder zwischen Königin und Bettelmann.

Mehr über Kopfläuse
www.pediculosis-gesellschaft.de/html/die_kopflaus.html
www.kindergesundheit-info.de/themen/krankes-kind/
kopflaeuse/behandlung/

ANREGUNGEN

Falls Sie das Pech haben sollten, engere Bekanntschaft mit Kopfläusen zu machen, empfiehlt sich folgende Vorgehensweise:

1. Besorgen Sie sich in einer Apotheke oder Drogerie einen Läusekamm und ein wirksames Mittel gegen die Parasiten. Lassen Sie sich dabei beraten.

2. Behandeln Sie die Haare nach Anweisung bis zur Kopfhaut mit dem Mittel, und kämmen Sie sie nass mit dem Läusekamm aus. Dabei stets ganz dicht an der Kopfhaut ansetzen und bis zum Ende der Haare durchziehen.

3. Waschen Sie die Haare über einen Zeitraum von zwei Wochen alle vier Tage mit einer normalen Haarpflegespülung, und kämmen Sie sie nass gründlich mit dem Läusekamm aus.

4. Wiederholen Sie die Behandlung mit dem Antiläusemittel unbedingt nach acht bis zehn Tagen, um auch die frisch geschlüpften Läuse abzutöten.

5. Kämmen Sie 17 Tage nach Beginn der Behandlung die Haare noch einmal nass mit dem Läusekamm aus, und kontrollieren Sie dabei auf eventuell noch vorhandene Läuse.

Falls Sie bei Ihren Kindern Kopfläuse finden, müssen Sie die Kita, den Kindergarten oder die Schule darüber informieren.

MISTKÄFER

Ein Spaziergang im Wald ist ein Fest für die Sinne. Über uns flüstern die Blätter im Wind, deren Vorgänger als Laubstreu am Boden unter den Füßen rascheln. Die Sonne malt mit vereinzelten Strahlen, die einen Weg durch das grüne Dach gefunden haben, ein sich stets wandelndes Mosaik auf den Boden. Hier duftet es nach Kiefer, dort steigt der Geruch von Waldmeister in die Nase. In der Ferne trommelt ein Specht, und plötzlich springen Rehe über den Weg. Die Natur macht sich im Wald auf mannigfache Weise bemerkbar. Nur eines begegnet uns in einem intakten Forst nicht: Er stinkt niemals nach Kot.

Gut, das war jetzt etwas unappetitlich. Aber im Grunde ist es vor allem erstaunlich, dass die vielen Hirsche, Rehe, Wildschweine, Kaninchen und wer noch alles im Wald zu Hause ist – und da kommen weit mehr Bewohner zusammen, als wir bei einem Spaziergang zu sehen kriegen –, zwar ständig ihr Geschäft im Wald verrichten, dies aber scheinbar spurlos. Als würde jemand die Hinterlassenschaften eifrig wegräumen.

Genauso ist es auch! Der Mistkäfer hat diese anrüchige Aufgabe übernommen und sein ganzes Leben darauf ausgerichtet. Die etwa daumennagelgroßen, leicht pummelig wirkenden, schwarzblauen Tiere leben zu Tausenden im Unterholz und im Boden, und gelegentlich marschiert einer auf

STECKBRIEF

· · · · · · · · · · · · · · · ·

DEUTSCHER NAME: Waldmistkäfer
WISSENSCHAFTLICHER NAME: *Anoplotrupes stercorosus*
GRÖSSE: 12 bis 20 Millimeter
VERBREITUNG: ganz Europa

seinem Kontrollgang direkt einen Waldweg entlang, uns vor die Füße. In den meisten Fällen wird es sich dabei um den Waldmistkäfer handeln, die häufigste der elf in Mitteleuropa vorkommenden Arten. Im Gegensatz zum ebenfalls oft anzutreffenden Gemeinen Mistkäfer sind dessen Deckflügel nicht eingedellt, doch wie so oft ist die Unterscheidung der einzelnen Arten bei Käfern eher eine Aufgabe für Experten. Die Lebensweise und viele faszinierende Geheimnisse sind dagegen allen Mistkäfern gemeinsam.

Im Zentrum steht immer der Kot großer Tiere. Den erschnuppern die Käfer über Entfernungen von bis zu zwei Kilometern, und sogleich machen sie sich zu Fuß oder vernehmlich brummend durch die Luft auf zum begehrten Gut, denn es kommt darauf an, den Haufen zu erreichen, solange er noch frisch ist. Trocknet der Mist aus, gehen dabei die flüssigen Bestandteile verloren, in denen sich zahlreiche Kleinstlebewesen tummeln, von denen sich die erwachsenen Käfer ernähren. Außerdem können sie sich nur von frischem Kot etwas abzwacken, was sie dann zu ihrem Nest in der Nähe transportieren. Die Pillendreher aus südlichen Gefilden formen den Dung dafür zu einer Kugel, die sie mit den Hinterbeinen rollen, unsere einheimischen Arten begnügen sich meist mit eher unförmigen Bröckchen oder graben das Häuflein direkt vor Ort in einem Stück ein.

Das Nest errichten Herr und Frau Mistkäfer in vorbildlicher Teamarbeit: Während das Weibchen die unterirdischen Grabungen erledigt, entsorgt das Männchen oben die anfallende

Erde. Am Ende besteht es aus einem unterirdischen Stollen-system mit mehreren Kinderzimmern. Von einem Hauptgang, der einen guten halben Meter in das Erdreich führt, zweigen mehrere Seitengänge ab, die jeweils in einer Kammer enden. Hier hinein kommen etwas Kot und ein Ei. Sind die Kammern gefüllt, stopfen die Käfer auch noch die Gänge voll mit Dung und verschließen alles zu guter Letzt mit etwas Lehm. Es soll schließlich kein Vogel auf die Idee kommen, dort wäre für ihn etwas zu holen.

Aus den Eiern schlüpfen die Käferlarven und fühlen sich in ihrem Heim wie im Paradies. Der Kot hält sie warm und ist eine ideale Kraftnahrung, von der sich die Larven ein Jahr lang ernähren. Erst im folgenden Frühjahr verpuppen sie sich, und im Sommer schlüpfen die neuen Mistkäfer. Bis sie sich einen Partner suchen und selbst zu Eltern werden, dauert es aber wiederum bis zum nächsten Frühling – Mistkäfer gehö-ren nun mal nicht zu den schnellsten Insekten. Wohl aber zu den besonders nützlichen. Denn wehe der Region, in der sie nicht für Sauberkeit sorgen!

Was dann passiert, musste Australien in den 1960er Jahren erleben. Damals verdreckten die zweihundert Jahre zuvor von den Siedlern eingeführten Schafe und Rinder die Landschaft mit ihrem feuchten Kot, mit dem die einheimischen Mistkäfer nichts anfangen konnten, weil sie sich ganz auf den trocke-nen Mist der Kängurus und Koalas eingestellt hatten. Statt-dessen stürzten sich Buschfliegen auf die unerwartete Gabe und vermehrten sich in Massen. Riesige Fliegenschwärme machten den Menschen das Leben schwer, bis schließlich fremde Mistkäfer importiert wurden und mit dem Aufräumen begannen. Seitdem gehören Mistkäfer zu den Lieblingstieren der australischen Bevölkerung.

Noch beliebter waren sie wohl nur im Alten Ägypten. Seit dem dritten Jahrtausend vor Beginn unserer Zeitrechnung war der dort heimische Heilige Pillendreher *Scarabaeus sacer* aus dem Leben der Menschen nicht mehr wegzudenken. Kleine Nachbildungen aus Stein trug man als Amulett und gab sie Verstorbenen mit ins Grab, etwas größere wurden als Siegel benutzt, und etwa handtellergroße Exemplare mit Beschriftungen verkündeten als «Gedenkskarabäen» wichtige Ereignisse aus dem Pharaonenhaus wie Hochzeiten oder neue Gebietsansprüche.

Seine Göttlichkeit verdankte der Pillendreher wohl mehreren Eigenheiten und Missverständnissen. Da war einmal seine Kotkugel, die rund war wie die Sonne und gleich dieser verschwand, wenn der Käfer sie in der Erde vergrub. An derselben Stelle erschienen später neue Käfer, als seien sie aus dem Nichts entstanden. Aus all dem entwickelte sich ein Mythos, nach dem der Käfer abends die Sonne mit seinen Hinterbeinen vom Himmel holte und sie morgens mit seinen Vorderbeinen wieder ans Firmament hob. Da verwundert es nicht weiter, dass das altägyptische Wort für den Skarabäus «chprr» so viel wie «auferstehen» bedeutet.

Heute wissen wir, dass die Sonne natürlich ohne Hilfe des Käfers ihre Bahn zieht. In Wahrheit ist es sogar umgekehrt:

Sucht der Käfer am Tage seinen Weg zu einem Ziel, orientiert er sich am Stand der Sonne. Nachts zieht er dafür das Mondlicht zu Rate oder – in klaren Neumondnächten – das schwach leuchtende Band der Milchstraße. Südafrikanische Mistkäfer waren die ersten Insekten, an denen Wissenschaftler diesen Trick nachweisen konnten, doch vermutlich nutzen ihn auch weitere Tiere.

In unseren Wäldern sind die wichtigen Großreinemacher aber vorwiegend tagsüber und in der Dämmerung unterwegs. Die Zeit, zu der immer mal wieder etwas für sie abfällt.

Mehr zu Mistkäfern
Karl Wilhelm Harde, František Severa, Edwin Möhn (2000)
Der Kosmos Käferführer: Die mitteleuropäischen Käfer. Franckh-Kosmos-Verlag, Stuttgart

ANREGUNGEN

Haben Sie selbst einen Mistkäfer gesehen?

Wann?

Wo?

In welchem Lebensraum (Wald, Waldrand, Feld, Wiese, ...)?

Was hat er gemacht?

SILBERFISCHCHEN

Es krabbelt in Ihrer Wohnung. Nachts, wenn alle schlafen und es dunkel ist im Haus, verlassen sie ihre Schlupfwinkel. Kriechen hinter Schränken und abgelösten Tapetenstückchen hervor, aus Ritzen zwischen Fußboden und Leisten, aus Spalten neben Rohrleitungen und aus den Abflüssen. Sie wuseln über Fliesen und Parkett, über Wände, Tische und Arbeitsplatten, durch Schubladen und Regale. Immer auf der Suche nach etwas Essbarem. Und stets auf der Hut. Denn nichts hassen sie mehr als das Licht, wenn jemand den Raum betritt. Wenn Sie unerwartet aufstehen und den Schalter umlegen. Vielleicht nehmen Sie im Halbschlaf noch wahr, wie ein paar winzige, glänzende Körper in Nischen verschwinden. Wie Sie angeekelt denken: Oh, nein! Wir haben Silberfischchen im Haus!

Die schlechte Nachricht: Selbst wenn Sie noch niemals die kleinen Urinsekten in Ihrer Küche oder im Bad erwischt haben, sind sie mit ziemlicher Sicherheit da. In nahezu jeder Wohnung haben sich die unerwünschten Untermieter eingenistet. Es bleibt ihnen nichts anderes übrig, denn die ursprüngliche Heimat der Silberfischchen sind die feuchtwarmen Tropen und Subtropen – in unseren kühlen Breiten ist es ihnen draußen in der freien Natur einfach zu ungemütlich. Daher dringen sie über Rohre, Schächte und die Kanalisation

STECKBRIEF
. . . .

DEUTSCHER NAME: Silberfischchen
WISSENSCHAFTLICHER NAME: *Lepisma saccharina*
GRÖSSE: etwa 10 Millimeter
VERBREITUNG: innerhalb von Wohnungen

in unsere Wohnungen ein, wo sie am liebsten Bäder und Küchen beziehen. Sie sind synanthrop, wie die Fachleute sagen, haben sich also an das Leben im Umfeld des Menschen angepasst.

Darum hier gleich die gute Nachricht: Silberfischchen sind keine schädlichen Hausgenossen, sondern im Gegenteil sogar recht nützliche Mitbewohner. Sie fressen nämlich vorzugsweise das, was bei uns unbemerkt als täglicher Abfall anfällt: Hautschuppen, ausgefallene Haare und tote Insekten. Dazu Hausstaubmilben, die mit ihrem Kot so manchem Allergiker das Leben schwer machen. Und Schimmel, der sich irgendwo klammheimlich breitgemacht hat. Damit stellen sie eine hervorragende, kostenlose Gesundheitspolizei dar: Treiben sich nicht nur einige vereinzelte Silberfischchen in Ihrer Wohnung herum, sondern wimmelt es geradezu von den Tieren, wird es höchste Zeit, die Wände auf gesundheitsschädliche Schimmelherde abzusuchen und dagegen vorzugehen.

Wir wollen aber ehrlich sein: Wenn in Ihrer Küche Krümel von Brot oder Kuchen auf dem Boden liegen, machen sich die einen Zentimeter großen, stromlinienförmigen Insekten mit den langen Fühlern und den drei Schwanzfäden begierig darüber her. Ihre Vorliebe für Süßes hat ihnen im Volksmund sogar den Namen «Zuckergast» eingetragen. Ist der Tisch spärlich gedeckt, können sie aber in ihren Därmen selbst Zellulose verdauen und sich an vernachlässigten Kleidungsstücken aus Baumwolle oder Leinen sowie Leder, Seide und Papier gütlich tun. Bei Büchern fressen sie bevorzugt die unbedruckten

Teile, Druckerschwärze scheint ihnen nicht sonderlich zu schmecken. Und gibt es eine Weile gar nichts zu essen, ist das auch nicht weiter schlimm: Wissenschaftler haben Silberfischchen schon über ein Dreivierteljahr hungern lassen, und die Tiere waren immer noch am Leben.

Die Liebe der Tierchen zur Literatur wird leider nicht erwidert. Nur gelegentlich wagen sich Autoren an ein Werk über die Silberfischchen. Eine dieser wenigen Ausnahmen bietet Mirko Bonné mit dem Titelstück seines vierten Gedichtbandes *Die Republik der Silberfische*, die er unter der Scherbe einer kaputten Parfumflasche «zwischen Dusche und Bidet» einen ganzen Palast mitsamt Ballsaal errichten und genießen lässt.

Bonnés Kindheitserinnerung mag nur ein Phantasma sein, den Tanz der Silberfischchen gibt es hingegen wirklich. Ist das Männchen in Stimmung, sich fortzupflanzen, lockt es mit Pheromonen genannten Duftstoffen ein Weibchen an und fordert es zum gemeinsamen eleganten Reigen auf. Das Männchen legt ein kleines, durch selbstgesponnene Fäden geschütztes Spermienbeutelchen auf dem Boden ab, über das es sein Weibchen leitet. Huscht das Weibchen hinüber, nimmt es die Liebesgabe auf und befruchtet damit die heranreifenden Eier.

Einige Zeit später sucht sich die Silberfischchenfrau eine sichere Spalte, wo sie eine recht bescheidene Anzahl von nur 20 Eiern legt. Aus diesen schlüpfen kleine Larven, die schon fast wie winzige Ausgaben ihrer Eltern aussehen. Was ihnen noch fehlt, sind die charakteristischen, silbern glitzernden Schuppen, die empfindliche Sensoren sind, welche dem Tier sofort signalisieren, wenn jemand es greifen will. Erst wenn das Silberfischchen sich dreimal gehäutet hat und dabei ein gutes Stück gewachsen ist, erhält es sein typisches Kleid, das schließlich aus rund 40000 überlappenden Schuppen besteht. Mit diesen sowie den beiden Fühlern vorne und den Schwanzfäden hinten ertastet sich das fast blinde Silberfischchen seine Welt. Bis zu acht Jahre soll es unter guten Bedingungen leben und dabei bis ins hohe Alter hinein immer mal wieder in neuer Frische aus seiner gealterten Haut schlüpfen.

So machen es die Fischchen wohl bereits seit rund 300 Millionen Jahren. Zu einer Zeit, als die heutigen Kontinente als Superkontinent Pangaea zusammenhingen und es noch 70 Millionen Jahre dauern sollte, bis die frühesten Dinosaurier das Land erkundeten, wuselten schon die Vorfahren der Silberfischchen am Boden herum. Und sahen ziemlich genau so aus wie unsere kleinen Mitbewohner. Als lebende Fossilien bezeichnen Biologen solche Baupläne, die sich über Äonen bewährt und erhalten haben.

Erstaunlicherweise fast die ganze Zeit über von der Wissenschaft unbemerkt – oder unbeachtet. Erst der schwedische Naturforscher Carl von Linné, der im 18. Jahrhundert begann, mit einer strengen Klassifikation Ordnung in die verwirrende Vielfalt des Lebens zu bringen, beschrieb 1758 in seinem Werk *Systema Naturae* das Silberfischchen. Von da an fand es hin und wieder das Augenmerk der Gelehrten, und der deutsch-österreichische Zoologe Karl von Frisch brachte es in seinem Büchlein *Zehn kleine Hausgenossen* auch einer breiten Öffentlichkeit nahe.

Und nahe wird es uns bleiben. Sogar mit oberrichtlicher Duldung. Im Jahre 2017 stellte das Oberlandesgericht Hamm auf Klage der Käuferin einer Eigentumswohnung fest, dass die Anwesenheit von Silberfischchen keinen kaufvertraglichen Sachmangel bedeute. Weder seien die Tiere ein Zeichen für mangelnde Hygiene noch gehe von ihnen eine Gefahr für die Gesundheit aus. Und überhaupt seien Silberfischchen in praktisch jedem Haushalt anzutreffen. Wer's nicht glaubt, braucht ja nur einmal des Nachts überraschend in seiner Küche das Licht einzuschalten.

Mehr zu Silberfischchen
Karl von Frisch (1941) *Zehn kleine Hausgenossen.* Heimeran, München
www.silberfische-ratgeber.de

Eine Falle, mit der Sie Silberfischchen lebendig fangen und aussiedeln können:

1. Legen Sie ein Blatt Papier auf den Boden von Küche oder Bad.
2. Halbieren Sie eine gekochte Kartoffel. (Die Kartoffel muss gekocht sein, mit einer rohen funktioniert die Falle nicht.)
3. Höhlen Sie die Kartoffel an der Schnittseite aus, und schneiden Sie eine schmale Rinne, die innen und außen verbindet (etwa Bleistiftstärke).
4. Platzieren Sie die Kartoffel mit der Schnittfläche nach unten über Nacht in der Mitte des Papiers.

Falls in Ihrer Wohnung Silberfischchen leben, werden diese früher oder später die Kartoffel entdecken, davon fressen und mit etwas Glück tagsüber in der Höhlung schlafen. Tragen Sie das Papier mitsamt Kartoffel ins Freie, und heben Sie die Kartoffel ab. Nun, wuselt es hektisch silbrig?

BIENE

Doch, die Biene ist ein besonderes Insekt. Und das liegt am Honig, den wir so lieben. Seit mindestens 8000 Jahren vergreifen wir Menschen uns an dem süßen Saft. So alt oder noch älter ist die Felsmalerei in den spanischen Cuevas de la Araña (übersetzt: Spinnenhöhlen), die eine menschliche Figur zeigt, die von Bienen umschwirrt und auf einem Baum sitzend mit einer Hand in eine Höhlung greift, um den Behälter in der anderen Hand zu füllen. Ein sicherlich mit schmerzhaften Stichen bestraftes Unterfangen, weshalb unsere Vorfahren rund 1000 Jahre später in Anatolien dazu übergingen, den Bienen leichter erreichbare Behausungen anzubieten.

Von dort wanderte die Imkerkunst über die ganze Welt. Früh erreichte sie die Ägypter, wo die Hieroglyphe einer Bienenkönigin für den Pharao stand – dass das Staatsoberhaupt im Bienenstock ein Weibchen ist, erkannte man erst im 17. Jahrhundert, als sich dem staunenden Publikum unter dem Mikroskop in ihrem Leib Eierstöcke offenbarten. Die Abraham'schen Völker verglichen ihren Honig mit dem Wort Gottes und dem Paradies, wo bekanntlich Milch und eben Honig fließen sollen. Und im gottesfernen Reich der Sowjets hatte der oberste Genosse Stalin vom Arbeitszimmer seines Landsitzes aus eine Reihe Bienenstöcke fest im Blick, als politisches Vorbild an Fleiß und Gemeinschaftssinn.

Denkt der Dichter an die Biene, beschäftigt ihn oft die Nähe von Süße und Schmerz, wie in diesen Zeilen von Paul Verlaine:

Ich habe Angst vor einem Kuss.
Wie vor einer Biene.
Ich leide und liege wach,
ohne Ruhe zu finden.
Ich habe Angst vor einem Kuss.

Und natürlich haben Bienen von jeher als die bekanntesten staatenbildenden Tiere fasziniert. Als Vorbild für uns Menschen sah der belgische Literaturnobelpreisträger Maurice Maeterlinck die Biene mit ihrer «seltsamen kleinen Republik, so logisch und ernst, so zweckvoll und so streng durchgeführt». Nicht zu vergleichen mit der chaotischen Welt der Menschen, denen Wilhelm Busch in seiner Bildergeschichte *Schnurrdiburr oder die Bienen* eine heitere Gesellschaft entgegenstellt. So heiter, dass Busch als Jüngling ernsthaft mit dem Gedanken spielte, als Bienenzüchter in Brasilien sein Auskommen zu finden. Dabei gilt für ihn wie für Platon, die Brüder Grimm, Goethe, Hoffmann von Fallersleben, Friedrich Hölderlin und all die anderen Bienenfreunde als Biene stets und ausschließlich die Honigbiene, genauer gesagt: die Westliche Honigbiene. Dabei ist das nur die prominenteste unter unzähligen Verwandten.

Alleine in Deutschland kommen um die 550 weitere Arten

von Bienen vor – in der Schweiz und in Österreich sind es sogar über 600. Im Gegensatz zu ihren gezüchteten Verwandten leben sie ohne Unterstützung durch den Menschen, weshalb sie auch als Wildbienen bezeichnet werden. Die wenigsten von ihnen errichten Staaten, meistens schlagen sie sich als Solitärbienen einzelkämpferisch durch. Manche sind gerade einmal vier Millimeter kurz, andere erreichen beinahe die dreifache Länge der Honigbiene. Sie sind orange, braun, rot oder schwarz, gestreift oder einfarbig, dick oder dünn, nahezu glatt oder von einem dichten Pelz bedeckt. Wildbienen sind so abwechslungsreich, dass selbst Experten bisweilen zu grübeln haben, bevor sie eine Art zweifelsfrei benennen können. Obendrein gibt es einige Wespen und Fliegen, die auf den ersten – und nicht selten auch auf den zweiten – Blick wie eine Biene aussehen. Dabei sind Wespen meistens schlanker, während Fliegen gar keine Taille haben. Außerdem sind Bienen Vegetarier, die sich vor allem von Pflanzensäften wie Nektar sowie eiweißreichen Pollen ernähren. Ihren Stachel benutzen sie nur, um sich zu verteidigen, und selbst dafür sind die Stechapparate einiger Arten nicht solide genug. Ganz abgesehen davon besitzen nur weibliche Bienen einen Stachel, weil dieses Instrument ursprünglich dazu gedacht war, die Eier in den Boden zu legen, wie es beispielsweise Heuschrecken heute noch tun.

Eine der häufigsten Wildbienen ist die Rostrote Mauerbiene. Sie sieht aus wie eine struppigere Version der Honigbiene, deren Hinterleib mit rotbraunen Borsten besetzt ist.

Im Gegensatz zu dieser lebt die Mauerbiene jedoch als Single und sammelt den Pollen für ihren Nachwuchs nicht an den Beinen, sondern an der Unterseite des Hinterleibs, was Naturkundler als «Bauchsammler» bezeichnen. Schwer beladen brummt sie damit zu ihrem Nest – einem länglichen Loch in einem morschen Baum, in einer verputzten Häuserwand oder gerne auch in einer Nisthilfe. Zur Not begnügt sich die Rostrote Mauerbiene sogar mit einem Gartenschlauch oder dem Bein eines Gartenstuhls. Dort richtet sie eine Reihe von Brutkammern ein, in die sie jeweils ein Ei und ein Paket Pollen ablegt. Zum Schluss versiegelt sie die Röhre mit Lehm oder Ton – dann stirbt sie.

In den Brutzellen wächst aber schon die nächste Generation heran. Bevor sie sich ins Freie wagen, warten die Tiere den Winter ab. Erst im Frühjahr beißen sie sich durch die Wände. Zuerst die Männchen, die aus unbefruchteten Eiern in den vorderen Kammern schlüpfen und fortan ungeduldig auf die Weibchen warten. «Sie rempeln sich gegenseitig eifersüchtig an, sie wälzen sich auf dem Parkett [...], sie stecken den Kopf in die Öffnung, um festzustellen, ob sich nicht endlich ein Weibchen entschließen will herauszukommen», beschrieb der französische Naturforscher und Schriftsteller Jean-Henri Fabre den Vorgang. Er bot den Bienen Röhrchen aus Pappe oder Glas an oder legte sich einfach bäuchlings auf eine Wiese, um das Geschehen von nahem zu beobachten. Dass ihn die übrigen Bewohner für einen verrückten Kauz hielten, störte ihn ebenso wenig wie heutige Insektensammler.

Doch so weit brauchen Sie nicht zu gehen, um selbst einmal das Wunder der einsamen Wildbienen zu erleben. Ein paar Bambusstöcke so zurechtgesägt, dass an einem Ende eine Öffnung ist und das andere Ende verschlossen bleibt, zu einem Bündel geschnürt oder in eine leere Konservendose gelegt und an einer ungestörten Stelle mit möglichst viel Sonne abgelegt – solch ein Angebot nimmt die Rostrote Mauerbiene gerne an. Honig dürfen Sie zwar nicht von ihr erwarten, dafür aber ein beglückendes Naturerlebnis. Ganz wie die amerikanische Dichterin Sylvia Plath schreibt:

Die Bienen fliegen. Sie probieren den Frühling.

Mehr über Bienen
Paul Westrich (2015) *Wildbienen – Die anderen Bienen.* Verlag Dr. Friedrich Pfeil, München
Ralph Dutli (2012) *Das Lied vom Honig – Eine kleine Kulturgeschichte der Biene.* Wallstein, Göttingen

ANREGUNGEN

Wann im Jahr haben Sie die erste Honigbiene gesehen?

Wann die erste Wildbiene?

Welche Farbe hatte die Wildbiene?

Wie groß war sie?

Was hat sie gemacht?

BLATTLAUS

Des Morgens früh, sobald ich mir
Mein Pfeifchen angezündet,
Geh' ich hinaus zur Hintertür,
Die in den Garten mündet.
Besonders gern betracht' ich dann
Die Rosen, die so niedlich;
Die Blattlaus sitzt und saugt daran
So grün, so still, so friedlich.

Seien wir doch ehrlich: Nur wenige Hobbygärtner, Balkon-pflanzenfreunde oder Blumentopfenthusiasten schaffen es beim Anblick von Blattläusen auf dem umhegten, zarten Grün so entspannt zu bleiben wie Wilhelm Busch in diesem kleinen Gedicht. Die meisten wird wohl eher der Gedanke umtreiben, wie man sie loswird, die millimeterkleinen Pflan-zensauger, die ihre Stechrüssel in harter, manchmal fast eine Stunde andauernder, nichtsdestotrotz aus Gärtnersicht ver-werflicher Arbeit in die Stängel treiben, bis sie auf ein Leitge-fäß treffen und dem Pflänzlein den Saft des Lebens abzapfen. Wobei die Aktivität einer einzelnen Schwarzen Bohnenlaus oder Grünen Erbsenlaus nicht viel ausmachen würde, doch die Tierchen treten bevorzugt in Massen auf und schaden nicht nur durch ihren Mundraub, sondern übertragen auch

STECKBRIEF

· · · · · · · · · · · · · · ·

DEUTSCHER NAME: Schwarze Bohnenlaus
WISSENSCHAFTLICHER NAME: *Aphis fabae*
GRÖSSE: um 2 Millimeter
VERBREITUNG: Mittel- und Südeuropa

noch Pilze und Viren, die den geschwächten Pflanzen obendrein zusetzen. Darum sei in diesem Kapitel verraten, womit Sie der Plage entgegentreten können. Aber erst am Ende, wenn Sie mehr wissen über die Geheimnisse und Tricks der Blattläuse – und aus Respekt vor der Leistung der Tierchen vielleicht doch einigen weiterhin die Freude des süßen Saugens gönnen.

Das erste Staunen stellt sich womöglich ein, wenn Sie erfahren, dass Blattläuse gar nicht saugen. Das haben sie nämlich nicht nötig, da der Pflanzensaft in den Leitgefäßen unter so hohem Druck steht, dass er geradezu mit Macht den Läusen ins Maul gepresst wird. Auch interessieren sich die Tiere wenig für den süßen Zucker, der darin reichlich enthalten ist. An Energie, die sich aus den Kohlenhydraten gewinnen ließe, mangelt es den Blattläusen nicht, vielmehr steht ihnen der Sinn nach Eiweißen und Aminosäuren. Deren Konzentrationen sind im Pflanzensaft jedoch gering, und so bleibt den Läusen nichts anderes übrig, als große Mengen Flüssigkeit zu filtern, um an das begehrte Gut zu gelangen. Der Rest geht einmal durch die Laus hindurch und kommt hinten als Tröpfchen wieder raus. Klebriger Abfall – und für viele ein Genuss.

Er ist etwas Besonderes, dieser süße Saft. Wenn Sie Ihr Auto unter Bäumen mit reichlich Blattlausbesatz parken, wird Ihnen der Honigtau, den die Läuse ausscheiden, vor allem ein Ärgernis sein. Für viele andere Insekten ist er dagegen ein Segen. Wo sonst gibt es derart energiereiche Kost geschenkt und so einfach zu ernten? Vor allem Ameisen verlassen sich bei der

Versorgung ihrer gesamten Staaten mitunter fast völlig auf die Gaben der Blattläuse, die sie regelrecht als Weidevieh halten, nach Kräften vor Feinden schützen und beim Versiegen einer saftigen Quelle vom verdorrten auf einen frischen Trieb transportieren. Aber auch Wespen und sogar unsere Honigbienen wissen den Honigtau zu schätzen. In den Bau getragen und hervorgewürgt ergibt er einen aromatischen Honig, der als Wald-, Tannen- oder Blatthonig auf unseren Tischen landet. Ja, auch wir Menschen profitieren also von den Blattläusen – zumindest ein bisschen.

Falls manche Bibelforscher und Historiker recht haben, verdanken wir es sogar einer besonderen Form von Honigtau, dass das Buch der Bücher kein schmales Heftchen geblieben ist. Laut 2. Buch Mose ernährte sich das Volk Israel auf seiner vierzigjährigen Wanderschaft durch die Wüste von Manna: einer Speise, die fein, knusprig und süß wie Honigkuchen war und nachts auf den Wüstenboden fiel, sodass sie am Morgen aufgesammelt werden konnte. Die Beschreibung passt im wörtlichen Sinne wunderbar auf den Honigtau zweier Schildlausarten, die auf der Sinaihalbinsel leben, und der nachts kristallisiert und hinabrieselt. Auch heute noch nutzen Beduinen diese Art von Manna als Süßmittel. Allerdings kaum in Mengen, um damit ein ganzes Volk zu verköstigen. Dafür hätte die Wüste geradezu überschwemmt sein müssen mit Schildläusen.

Was nicht heißt, dass Pflanzenläuse bei der Vermehrung faul wären. Unsere heimischen Blattläuse verfügen sogar über zwei verschiedene Mechanismen, um aus jeder Jahreszeit das Beste zu machen. Wenn im Frühling die ersten Tiere aus den Wintereiern schlüpfen, kommt es zuallererst darauf an, in möglichst kurzer Zeit möglichst viele Nachkommen zu zeugen. Alle denkbaren Spielereien wie Partnerwahl und Sex halten dabei nur auf. Stattdessen setzen die Weibchen – und im Frühjahr sind alle Blattläuse Weibchen – auf eine direkte Massenproduktion: Sie gebären bis zu fünf lebende Jungtiere am Tag, die als Klone ihrer Mutter bis ins letzte Gen gleichen. Bei warmem Wetter ist diese Jungfernzeugung oder Parthogenese so effizient, dass man im Mittelalter glaubte, die Unmengen von Blattläusen seien mit dem Regen vom Himmel gefallen.

Neigt sich der Sommer dem Ende zu, wird es Zeit, sich auf den Winter vorzubereiten. Nun kommt es verstärkt darauf an, mit ein wenig genetischer Durchmischung einer gefährlichen Inzucht vorzubeugen und außerdem neue Lebensräume zu erschließen. Für das erstgenannte Ziel entsteht eine neue Generation, in der auch Männchen vorkommen, die sich dann auf klassische Weise mit den Weibchen paaren. Und für die Entdeckerlust wachsen den Blattläusen Flügel, die sie etwas ungelenk und reichlich zufällig, aber immerhin weiter als auf den kleinen Beinchen in die große Welt hinaustragen. Haben sie ein geeignetes Winterquartier gefunden, legen die Weibchen nun Eier, denn nur diese sind widerstandsfähig genug, um es durch den Winter zu schaffen.

Und wie werden Sie der Plage Herr, wenn die Blattläuse es auf Ihren Pflanzen zu bunt treiben? Nun, solange es nicht allzu viele sind, lassen sie sich am besten mit den Fingern abstreifen. Auch natürliche Feinde wie Marienkäfer und die Larven von Florfliegen, Schwebfliegen und Schlupfwespen sowie Raubwanzen, Laufkäfer, Spinnen und Blaumeisen können Kolonien von Saugern im Zaum halten. Die süßen Läuse schmecken fast jedem Insektenfresser im Garten. Nützt aber auch das nicht mehr, können Sie es mit einer Milchdusche versuchen. Dazu besprühen Sie die Pflanzen mit einem Zerstäuber, den Sie statt mit Milch auch mit einem Brennnesselsud beladen können. Die Brühe erhalten Sie durch Einweichen von zwei Handvoll Brennnesseln in zwei Litern Wasser über zwölf Stunden. Keine gute Idee sind Tabaksud oder nikotinhaltige Mittel. Zwar sterben damit die Blattläuse, doch

das Gift wütet auch unter vielen anderen Insekten und wirkt darüber hinaus schädigend auf das menschliche Nervensystem.

Vielleicht lehnen Sie sich aber einfach bequem zurück und probieren es einmal mit der Busch'schen Gelassenheit:

> *Daß keine Rose ohne Dorn,*
> *Bringt mich nicht aus dem Häuschen.*
> *Auch sag' ich ohne jeden Zorn:*
> *«Kein Röslein ohne Läuschen!»*

Mehr zu Blattläusen
Fritz P. Müller (2004) *Die Neue Brehm-Bücherei – Blattläuse.*
VerlagsKG Wolf, Magdeburg
www.hortipendium.de/Blattläuse

ANREGUNGEN

Verfolgen Sie doch die Entwicklung einer Blattlauskolonie über ein Jahr.

Wann erscheint die erste Blattlaus?

An welcher Pflanze sitzt sie?

Wie viele Tiere sind dort nach einer Woche?

Nach einem Monat?

Einem Vierteljahr?

Werden die Blattläuse von Ameisen besucht?

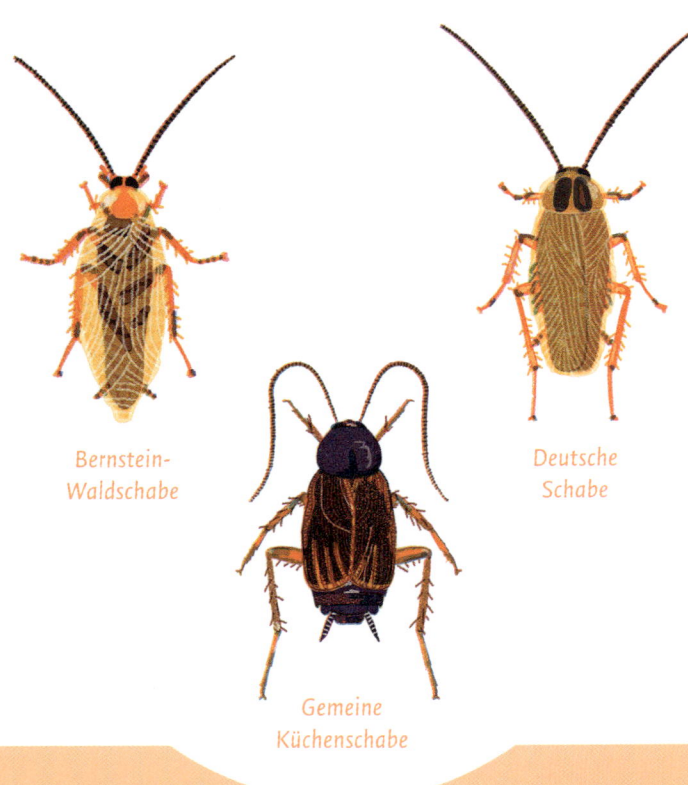

Bernstein-
Waldschabe

Deutsche
Schabe

Gemeine
Küchenschabe

STECKBRIEF
· · · · · · · · · · · · · · · ·

DEUTSCHER NAME: Bernstein-Waldschabe
WISSENSCHAFTLICHER NAME: *Ectobius vittiventris*
GRÖSSE: 10 bis 15 Millimeter
VERBREITUNG: Süddeutschland

SCHABE

Obwohl sich der Tag dem Ende zuneigt, ist es immer noch drückend warm. Schon wieder so ein heißer Sommer, mit Temperaturen jenseits der 30-Grad-Marke. Wenn der Klimawandel anhält, werden bald die Bewohner der Mittelmeerstaaten auf der Suche nach Erfrischung ihren Urlaub im vermeintlich kühlen Norden verbringen. Manche Tiere aus dem Süden sind jetzt schon da. Immer mehr Insekten, die eigentlich in den Tropen oder Subtropen zu Hause sind, fühlen sich auch bei uns heimisch. Und möglicherweise sitzt Ihnen solch ein sechsbeiniger Neubürger gegenüber, wenn Sie das nächste Mal ins Badezimmer gehen. Unbeweglich verharrt er mitten auf der gefliesten Wand, als wäre er über die Begegnung mehr erschrocken als Sie. Eine Schabe! Kakerlaken in der Wohnung! Geht es eigentlich noch ekliger?

Laut Umfragen nicht. Für die meisten Menschen stehen Schaben ganz oben auf der Ekelliste, noch vor Spinnen und Ratten. Nicht ganz zu Unrecht, denn Küchenschaben sind in der Tat keine harmlosen Hausgenossen. Weil sie bedenkenlos durch den größten Dreck laufen und diesen sogar fressen – von heruntergefallenen Krümeln über Fettspritzer am Herd bis zu unappetitlichen Resten im WC –, leben an ihren Füßen und in ihrem Verdauungstrakt zahlreiche Bakterien, Pilze und Viren, die sie beim Herumkrabbeln in der ganzen Wohnung verteilen. Fadenwürmer, Salmonellen, Milzbrand, Tuberkulose ... was auch immer die Schaben aufgreifen, schadet den Tieren selbst nicht, wandert jedoch von Zimmer zu Zimmer und gelangt auf offen herumliegende Brotscheiben, Schneidbretter und – besonders unangenehm – Zahnbürsten.

Zum Glück kommen die wirklich gefährlichen Krankheitserreger in mitteleuropäischen Haushalten praktisch gar nicht vor, sodass die Schaben sie nicht verbreiten können. Dafür lösen ihr Kot und Speichel sowie Stückchen von der letzten Häutung manchmal Allergien, juckende Ekzeme und sogar Asthma aus. Was eine Schabe angerührt hat, gehört daher schleunigst in den Müll, und den sollten Sie möglichst schnell aus dem Haus bringen.

Aber sitzt da im Bad wirklich eine Schabe? Oder ist es vielleicht nur ein harmloser Käfer? Die Unterscheidung ist nicht immer ganz einfach, und im Zweifelsfall sollten Sie versuchen, den Eindringling zu fangen und einem Experten zur Begutachtung zu bringen. Womit wir eigentlich schon ein wichtiges Merkmal erwähnt hätten: Wenn es sich um eine richtige Küchenschabe handelt, wird es Ihnen kaum gelingen, sie zu fangen oder zu zertreten. Denn erstens sind die Biester sehr lichtscheu und verschwinden beim kleinsten Schimmer zielstrebig in ihren Verstecken. Und zweitens sind Küchenschaben ungeheuer schnell. Die Gemeine Küchenschabe, die nach ihrer wissenschaftlichen Bezeichnung *Blatta orientalis* auch als Orientalische Schabe bezeichnet wird, gehört mit einer Geschwindigkeit von 1,5 Metern pro Sekunde zu den schnellsten Krabblern im gesamten Tierreich. Nicht übel für jemanden, der selbst nur drei Zentimeter lang ist. Wir Menschen müssten für das gleiche Tempo die 100 Meter in knapp über einer Sekunde laufen. Ganz so schnell ist die nur halb so lange Deutsche Schabe nicht. Dabei sieht sie von oben mit ihrer schlankeren Form sportlicher aus als die im Umriss eher kräftiger geratene Gemeine Küchenschabe. Abgeplattet sind sie aber beide, damit sie sich problemlos in Spalten und Ritzen quetschen können, die nur wenige Millimeter hoch sind. Herkömmliche Käfer sind dagegen höher gewölbt und schwerfälliger. Außerdem ist bei Käfern in der Regel der Kopf zu sehen, bei Schaben ist er hingegen weitgehend unter einem relativ großen Halsschild verborgen, unter dem lange, fadenförmige Antennen hervorragen.

Ihre flinken Beine müssen Schaben manchmal im sportlichen Wettkampf unter Beweis stellen. Die frühesten Berichte über Kakerlakenrennen stammen aus dem 16. Jahrhundert, und besonders beliebt war dieser Zeitvertreib wohl unter russischen Emigranten in den USA, wie der Dichter Michail Bulgakow in seinem Roman *Die Flucht* beschreibt. In jüngerer Zeit hat sein Landsmann Nikolai Makarov, der als Maler vor allem in Berlin lebt, diese Tradition wiederbelebt und im Tarakan-Club – «Tarakan» ist das russische Wort für «Schabe» – Wettläufe zwischen den besonders großen Exemplaren aus Amerika und Australien veranstaltet. Selbst bei der Berlinale und im Fernsehen durften sich «Iwan, der Schreckliche» und «Olga III.» schon messen. Zwischen den Auftritten hält Makarov seine Athleten in ausbruchsicheren Terrarien in seinem Atelier. Nicht so wie einst bei seinem Künstlerkollegen Johannes Beck und dem Zukunftsforscher Matthias Horx, deren Kakerlaken in einem Klotz aus porösem Ton wohnten, der mitten auf dem WG-Tisch lag und von wo aus sich die Bewohner nach beendeter Mahlzeit die Reste geholt haben.

Falls Ihr Besucher nach Schabe aussieht, Ihnen jedoch nicht der Sinn nach Wettrennen auf dem Küchenmöbel steht, könnte es aber immer noch sein, dass Ihre Schabe keine Küchenschabe ist. Unter diesen Begriff fallen nämlich ausschließlich Arten, die ständig im Haus leben, weil sie draußen jämmerlich eingehen würden. In unseren Breiten sind dies die schon erwähnte Gemeine Küchenschabe und die häufigere Deutsche Schabe. Gerade Letztere hat allerdings einen Doppelgänger, der ihr wirklich zum Verwechseln ähnlich sieht und sich in heißen Sommern mitunter in unsere Häuser verirrt, im Grunde seines Herzens aber ein freiheitsliebender Geist ist: Die Bernstein-Waldschabe erkennen Sie daran, dass ihr oben auf dem Halsschild die beiden dunkelbraunen Streifen fehlen, die die Deutsche Schabe auszeichnen. Außerdem sind die Waldschaben tagaktiv und können gut fliegen. Wenn sie in eine Wohnung geraten, irren sie jedoch auf der Suche nach dem Ausgang völlig orientierungslos umher. Finden sie nicht hinaus, verhungern die Tiere innerhalb weniger Tage, weil sie sich auf verrottendes Pflanzenmaterial wie herabgefallene Blätter als Nahrung spezialisiert haben. Schaut Ihnen also eine schreckensstarre Schabe ohne Streifen ratlos ins Gesicht, genügt es, sie nach draußen zu befördern, und beide Seiten können beruhigt schlafen gehen.

Eine Küchenschabe werden Sie dagegen nicht so schnell los. Diese Tierchen sind hartnäckig und haben ihre Verstecke überall dort, wo es warm und feucht ist und sie schlecht zu erreichen sind. Dort geben sie besonders häufig ihren Kot ab, der ein Gemisch von Duftstoffen enthält, das ihnen bei den nächtlichen Ausflügen stets den Weg nach Hause weist. Auch noch so gründliches Putzen reicht nicht, um sie zu vertreiben. Selbst gegen Gifte entwickeln Schaben innerhalb weniger Monate Resistenzen. So hartnäckig, dass nur sie und Keith Richards von den Rolling Stones einen Atomkrieg überleben könnten, wie der ehemalige US-Präsident Bill Clinton einmal scherzhaft meinte, sind die Tiere aber doch nicht. Zwar vertragen sie zehnmal höhere Dosen radioaktiver Strahlung als der Mensch, im Vergleich zu anderen Insekten wie Taufliegen oder parasitischen Wespen sind sie allerdings ziemlich empfindlich gegenüber Radioaktivität. Dafür vermögen sie neun Tage ohne Kopf zu leben. Weil das Gehirn der Schabe als Strickleiternervensystem über die gesamte Länge des Körpers verteilt ist, laufen alle wichtigen Funktionen auch nach einer Enthauptung weiter. Bis auf die Nahrungsaufnahme, weshalb eine Schabe ohne Kopf irgendwann schlichtweg verdurstet.

Vor einer hyperintelligenten Kolonie von Schaben, die sich in der Bibliothek schlau gefressen hat und uns Menschen gegeneinander ausspielt, wie es Daniel E. Weiss in seinem Roman *La Cucaracha oder Die Stunde der Kakerlaken* beschrieben hat, brauchen wir uns bei solch einem dezentralen Gehirn jedenfalls nicht zu fürchten. Dann schon eher davor, als Küchenschabe verspottet zu werden wie einst der mexikanische General Victoriano Huerta, von dem es im Lied *La Cucaracha* heißt, er könne nüchtern und ohne einen Marihuanarausch gar nicht gehen. Und auch in anderen Gegenden setzte der Volksmund den jeweils verhasstesten menschlichen Widersacher mit den Kakerlaken gleich, weshalb Schaben in Bayern als «Preußen», im Rheinland als «Franzosen» und in Baden als «Schwaben» bezeichnet werden. Auf viele Sympathien können die Schaben wahrlich nicht hoffen.

Mehr zu Schaben
Hannes Sprado (2012) *Verfressen, sauschnell, unkaputtbar – Das phantastische Leben der Kakerlaken.* Ullstein, Berlin

ANREGUNGEN

Hat die Bernstein-Waldschabe bereits Ihre Region erreicht?

Wo haben Sie die Tiere gefunden? Im Wald, im Garten oder im Haus?

STECKBRIEF

· · · · · · · · · · · · · · · · ·

DEUTSCHER NAME: Blaugrüne Mosaikjungfer
WISSENSCHAFTLICHER NAME: *Aeshna cyanea*
GRÖSSE: 70 mm bis 80 mm Länge, bis 110 mm Spannweite
VERBREITUNG: ganz Europa

LIBELLE

W enn es um Insekten geht, sind die Schauermärchen oft nicht weit. *Zehn Libellenstiche töten ein Pferd, sieben einen Menschen!* – So wusste der Volksmund und versah die schlanken Flugkünstler mit Namen wie Teufelsnadel oder Siebenstecher.

An der Behauptung ist nicht einmal ein Körnchen Wahrheit. Diejenigen Libellen, die überhaupt einen Stachel besitzen, benutzen ihn nur, um ihre Eier in die Stängel von Wasserpflanzen oder in die Rinde von Bäumen am Ufer zu platzieren. Für einen schmerzhaften Stich, wie ihn beispielsweise Wespen beherrschen, ist der Libellenstachel nicht geeignet, und Gift enthält er schon gar nicht. Auch die Mundwerkzeuge zerlegen zwar mit Leichtigkeit eine Fliege, eine Mücke oder einen Schmetterling, doch die Haut des Menschen vermögen sie nicht zu durchdringen. Allenfalls ein Zwicken bemerken wir, wenn die Libelle beißt, und das tut sie auch nur, um sich zu verteidigen, wenn wir sie mit den Fingern greifen. Lieber gehen die eleganten Flieger dem Menschen aus dem Weg. Kommt eine Libelle doch einmal auf uns zu, ist sie einfach neugierig und will sich dieses exotische Wesen auf zwei Beinen kurz aus der Nähe anschauen. Schuld an ihrem Ruf als gefährliche Räuber sind also weniger die Libellen selbst als vielmehr Missionare. Bei den Alten Germanen wurde die Libelle als Tier der Göttin Freya verehrt – sie fiel daher gemeinsam mit dieser bei den frühen Christen in Ungnade.

Dabei sind Libellen vor allem eines: schön. Rank und schlank geht ihr langer Hinterleib in einen kräftigen Brustkorb über, an dem neben den sechs Beinen auch die vier großen Flügel ansetzen. Mit ihnen vollführt die Libelle wahre Kunststücke in der Luft. Nicht nur ist sie mit bis zu 50 Kilometern in der Stunde so schnell wie ein Auto im Stadtverkehr, sie kann außerdem wie ein Hubschrauber auf der Stelle schweben, abrupt die Richtung ändern und sogar rückwärts fliegen. Stabilisiert werden die Tragflächen durch ein komplexes Netz von Flügeladern, von denen viele trotz des Namens nicht mit Blut durchflossen, sondern lediglich versteifende Fasern sind. Deren Muster verrät dem Experten bei schwierigen Fällen, welche der rund 85 in Mitteleuropa vorkommenden Libellenarten er vor sich hat. An die Brust schließt sich der auffallend bewegliche Kopf an. Ihn dominieren die beiden großen Facettenaugen. Als Jäger peilen Libellen ihre Beute damit an, während sie über Seen und Teichen, aber auch auf Wiesen und in Gärten und sogar auf Waldlichtungen alles fangen, was klein genug und in der Luft unterwegs ist. Insgesamt erinnerte der T-förmige Körper der Libelle den französischen Naturforscher Guillaume Rondelet im 16. Jahrhundert an eine Wasserwaage, in der eine kleine Luftblase in einem Röhrchen anzeigt, wann das Instrument korrekt ausgerichtet ist. Nach dessen lateinischer Bezeichnung «libella» erhielt schließlich auch das Insekt seinen Namen.

Die größte Chance, selbst Libellen zu beobachten, haben Sie an einem Gewässer. An Quellen und Wasserläufen wie in Hoffmann von Fallerslebens *Libellentanz*:

> *Wir Libellen hüpfen*
> *in die Kreuz und Quer,*
> *auf den Quellen*
> *und den Bächen hin und her.*

Vor allem aber an Teichen und Seen wie in Annette von Droste-Hülshoffs *Der Weiher*:

> *Libellen zittern über ihn,*
> *Blaugoldne Stäbchen und Karmin.*

Dort schwirren sie über die Wasserflächen und die angrenzenden Gebiete. Zum Ausruhen wählen sie meist Stängel und Zweige im Sonnenlicht, aber auch warme Plätzchen, etwa auf Steinen, sind für Libellen verlockend. Kleinlibellen legen während der Pause ihre Flügel an den Körper an, Großlibellen spreizen sie zu den Seiten ab. «Wie goldene Schmucknadeln in emaillierten Schalen», so Droste-Hülshoff, sitzen sie dort in verschiedensten Farben schillernd.

Das Wasser muss sein, denn im Wasser liegt die Kinderstube der Libellen. Kommt die Zeit, sich zu vermehren, bandeln Männchen und Weibchen im Flug miteinander an. Mit einer Zange am Ende seines Hinterleibs packt das Männchen seine Partnerin am Kopf oder am vordersten Brustsegment, und die beiden fliegen zwar nicht Hand in Hand, doch als Tandem weiter. Anschließend wird es ein wenig kompliziert, denn die Anatomie der männlichen Libelle macht es dem Paar nicht gerade leicht. Der Ausgang für die Spermien befindet sich nämlich am vorletzten Teilstück des langen Hinterleibs des Männchens, doch dorthin gelangt das umklammerte Weibchen nicht mit seinem Ende. Darum krümmt das Männchen zunächst sein bewegliches Hinterteil, bis der Keimdrüsenausgang Kontakt zu einer höhlenartigen Samenblase kurz hinter seinem Brustkorb hat, und verschiebt die Spermien dann in dieses Zwischenlager. Anschließend biegt das Weibchen sein Hinterende zu der Samenblase und holt sich die nun erreichbaren Spermien ab. Diese Phase können wir mit viel Glück als herzförmiges sogenanntes Paarungsrad beobachten. Zwischen einigen Sekunden bis zu mehreren Stunden, fliegend in der Luft oder sitzend auf einer Unterlage findet dieses einmalige Schauspiel statt.

Ihre Eier stechen Libellen entweder in Wasserpflanzen, werfen sie einfach ins Wasser ab oder heften sie an Gegenstände unter der Oberfläche. Die Weibchen einiger Arten unternehmen zu diesem Zweck sogar Tauchgänge von bis zu anderthalb Stunden Dauer. Aus den Eiern schlüpfen Prolarven, die sich gleich darauf zu richtigen Larven häuten. Bei denen handelt es sich um kleine Unterwasser-Räuber mit einem ganz speziellen Jagdinstrument: Die Unterlippe der Libellenlarve ist zu einer Fangmaske umgeformt, die normalerweise unter dem Kopf sitzt, aber über ein Gelenk blitzschnell auf Mückenlarven, Kleinkrebse oder Kaulquappen zu geschleudert wird und sich mit winzigen Zähnchen in ihnen verbeißt.

Je nach Art bleibt die Libelle zwischen drei Monaten und fünf Jahren als Larve im Wasser, meistens sind es ein oder zwei Jahre. Dann krabbelt sie an einem aus dem Wasser ragenden Halm, Stein, Ast oder Pfeiler empor und schlüpft endlich aus der Larvenhülle, die als sogenannte Exuvie leer zurückbleibt. Im Schnitt hat die erwachsene Libelle nun zwei Monate, um ihrerseits einen Partner zu finden, sich zu paaren und den Kreislauf zu schließen. Vorausgesetzt, sie wird nicht selbst von einem Vogel, einer Fledermaus oder einem Frosch gefressen.

Die größte Gefahr droht den Libellen aber von uns Menschen. Indem wir Gewässer verschmutzen oder trockenlegen, rauben wir ihnen den Lebensraum, sodass zwei Drittel der heimischen Arten gefährdet sind und ein Fünftel gar vom Aussterben bedroht ist. Es liegt somit – mal wieder – an uns, ob die farbenfrohen Flugkünstler auch in Zukunft noch über das Wasser schwirren und schweben.

An welchem Gewässer in Ihrer Nähe leben Libellen?

Handelt es sich um Großlibellen oder Kleinlibellen?

Welche Farbe haben sie?

In welchen Monaten sind sie zu finden?

Mehr zu Libellen

Hansruedi Wildermuth und Andreas Martens (2018) *Die Libellen Europas.* Quelle & Meyer, Wiebelsheim

WESPE

Es ist eine der großen Weisheiten unserer Zeit, dass diese drei Dinge unweigerlich zusammengehören: Sommer, Grillen und Wespen. Je nach persönlicher Vorliebe dürfen Sie anstelle des Grillens auch gerne den Biergarten oder den Obstkuchenschmaus im Freien setzen – die Wespen sind Ihnen sicher. Hungrig, hartnäckig und mit aggressiv schwarzgelber Warnfärbung am Hinterleib schwirren sie zunächst hin und her, um sich zu orientieren. Weil sie mit rund anderthalb Zentimetern recht klein sind, liegen ihre beiden Facettenaugen so dicht beieinander, dass sie mit nur einem Blick kein gutes räumliches Bild liefern. Zum Ausgleich schauen Wespen nacheinander aus verschiedenen Perspektiven auf die Szenerie vor ihnen. In welchem Winkel steht der Kaffee zum Kirschkuchen? Wie weit ist es bis zum Steak? Wo ist der Zugang zur Limonade? Sobald sie das wissen, sind Wespen kaum mehr abzuhalten vom überfallartigen Mundraub.

Oft bleibt ihnen im Spätsommer auch kaum etwas anderes übrig. Im Juni, wenn die Königin ihren Staat frisch gegründet hat, zählt ihr Volk nur ein paar Dutzend Arbeiterinnen, die eifrig ausschwärmen, um Futter für den Nachwuchs zu besorgen. Den gelüstet es nach Fleisch, und so sind die frühen Wespen vor allem mit der Jagd auf andere Insekten beschäftigt. Mücken, Fliegen und Stücke von Kadavern größerer Tiere werden gesammelt, zerkaut und in das Nest getragen. Aus unserer Sicht erweisen sich Wespen in dieser Phase als überaus nützliche Nachbarn. Die Arbeiterinnen selbst fressen zwar ebenfalls Insekten, doch in erster Linie füllen sie ihre Energiespeicher aus pflanzlichen Quellen nach. Nektar und Pollen stehen ebenso auf dem Speiseplan wie süße Säfte, die fließen, wenn die Rinden von Bäumen oder Sträuchern verletzt sind. Ist das Wetter zu schlecht für Versorgungsflüge, schlecken sie zuckerhaltige Tröpfchen, die von den Larven abgesondert werden. Dies ist die einzige Form von Ausscheidung der Larven, denn um das Nest nicht zu verschmutzen, geben sie erst dann Kot ab, wenn sie sich verpuppen. Da Wespen im Unterschied zu Bienen keine Vorräte anlegen, sind ihre Larven die einzige Reserve, auf die sie zurückgreifen können.

Das System funktioniert gut, und so wächst das Volk heran, bis es bei der Deutschen Wespe und der Gemeinen Wespe – den beiden häufigsten Arten in unseren Breiten und sozusagen die typischen Wespen – um die 3000 bis 4000 Köpfe zählt, unter optimalen Bedingungen auch mal doppelt so viele. Nun wird es eng mit dem Futter, und die Wespen dürfen nicht wählerisch sein, wenn sie ihre Mägen füllen wollen. Also konfiszieren die Deutsche wie die Gemeine Wespe kurzerhand Kuchenbuffet, Grillgut und süße Getränke. Und nur diese beiden Arten sind es, die den ganzen Ärger machen. Alle anderen neun Arten der Echten Wespen, die bei uns beheimatet sind, interessieren sich nicht für uns und unsere Speisen. Auch die Hornissen – die größten einheimischen Wespen und an ihren

Deutsche Wespe   Gemeine Wespe

STECKBRIEF

· · · · · · · · · · · · · · · ·

DEUTSCHER NAME: Deutsche Wespe
WISSENSCHAFTLICHER NAME: *Vespula germanica*
GRÖSSE: bis 20 Millimeter
VERBREITUNG: ganz Europa

schwarzen Köpfen und Rumpfabschnitten mit roter oder braunroter Zeichnung gut zu erkennen – verschmähen Kuchen wie Steak. Falls sie sich überhaupt im Bereich der Tafel zeigen, werden sie von der Ansammlung der kleineren Wespen angelockt, die beim Naschen eine leichte Beute darstellen.

Uns Menschen droht von Hornissen keine Gefahr. Solange Sie nicht ihrem Nest zu nahe kommen, müssten Sie schon fast nach einer Hornisse greifen, um von ihr gestochen zu werden. Der Stich ist dann ähnlich unangenehm wie von einer Biene, enthält aber weniger Gift. Weil Bienen als Volk überwintern und darum Honigvorräte anlegen, sind ihre Nester begehrte Ziele räuberischer Zuckerliebhaber wie Bären und Dachse. Daher verteidigen Bienen nicht nur sich selbst, sondern gleich ihr ganzes Volk, wenn sie in den Kampf ziehen, und sind dementsprechend entschlossene Kriegerinnen. Hornissen nutzen ihren Stachel hingegen in erster Linie für die Jagd auf Insekten, und um eine Fliege zu töten, ist weniger Gift nötig als für die Abwehr eines naschsüchtigen Braunbären. Die alte Volksweisheit «Sieben Hornissenstiche töten ein Pferd, drei einen Menschen» ist also nicht mehr als ein Mythos. Schon eine Labormaus überlebt ein Dutzend Stiche, Ratten stecken gar das Fünffache weg. Ein Mensch müsste hochgerechnet rund 1000-mal gestochen werden, bevor ihn das Gift tötet. Das ist in den letzten 50 Jahren kein einziges Mal vorgekommen, wohingegen jedes Jahr 20 bis 30 Menschen an Bienenstichen sterben – nicht wegen der Menge an Gift, sondern aufgrund allergischer Reaktionen dagegen.

Die Deutsche Wespe und die Gemeine Wespe sind allerdings deutlich aggressiver als Hornissen und durchaus kampfbereit, wenn wir nach ihnen schlagen. Sticht solch eine Wespe zu, gibt sie außerdem einen alarmierenden Duftstoff ab, der ihre Schwestern herbeiruft.

Mit welcher der beiden Arten Sie es zu tun haben, erkennen Sie am besten an der Stirnplatte, jenem Teil des Kopfes, den Sie sehen, wenn Sie das Tier direkt von vorne betrachten. Sind dort ein bis drei schwarze Punkte oder ein kleiner, gerader schwarzer Strich, der manchmal unterbrochen ist, zu erkennen, handelt es sich um eine Deutsche Wespe. Zieht sich hingegen ein breiter schwarzer Strich, der nach unten dicker wird, über die Stirnplatte, sitzt eine Gemeine Wespe vor Ihnen. Unangenehm kann es mit beiden werden.

Eine vergleichbar breite kulturgeschichtliche Spur wie die Biene hat die Wespe wohl aus dem Grunde nicht hinterlassen. Es sei denn, wir werten die Nester der Wespen als eigene Kunstform. Aus zerkautem Holz, das als breiige Papiermasse in mehreren Etagen von Waben mit dem bauenden Volk immer weiter und weiter wächst, bis es mit dem Tod der Königin im Herbst aufgegeben wird, nimmt es dynamisch bizarre Gestalten an. Jene der Deutschen und der Gemeinen Wespe umgibt dabei stets eine Außenhülle, die lediglich einen Zugang frei lässt. Meistens liegen diese sogenannten Dunkelhöhlennester unterirdisch in verlassenen Bauten von Mäusen oder Maulwürfen, doch die Wespen kleben sie auch in Schuppen, Dachböden oder Rollladenkästen an die Wände. Von außen sehen sie schuppig aus, bei der Deutschen Wespe häufig grau, weil sie als Baumaterial das verwitterte Holz von Zaunpfählen verwendet, bei der Gemeinen Wespe, die morsches Holz verrottender Äste und Baumstämme bevorzugt, eher hell beige. Ist das Nest im Spätherbst verlassen, können Sie es getrost abnehmen und mit Haarspray konservieren. Wespen bewohnen ihre Nester nur eine Saison. Im Herbst sterben die Arbeiterinnen und die Männchen, und die Königinnen beginnen nach der Überwinterung mit dem Bau eines neuen Nests.

Der Winter ist deshalb eine wespenfreie Zeit. Aber keine Angst: Sie brauchen Ihr gemütliches Beisammensein im Freien nicht auf die Monate mit Minustemperaturen zu verlegen. Mit zwei Tricks halten Sie Wespen auch im Sommer fern von Ihrem gedeckten Tisch. Bieten Sie den Plagegeistern über die gefährlichen Wochen hinweg in einiger Entfernung eine Futterstelle mit Obst, verdünntem Honig und Zuckerwasser an. Solange die Arbeiterinnen dort genügend finden, fliegen sie direkt diesen Platz an und lassen Ihre Tafel links liegen. Zusätzlich verderben Sie den Wespen die restliche Lust auf einen Besuch, indem Sie halbierte Zitronen mit Gewürznelken spicken und auf den Tisch stellen. Das riecht für uns wunderbar frisch, verströmt für Wespennasen aber einen fürchterlichen Gestank.

So bekommt jeder, was er braucht, um den Sommer zu genießen. Und die Wespen können weiterhin ihrer wichtigen Aufgabe nachgehen, reichlich andere Insekten zu vertilgen.

ANREGUNGEN

Wann erscheinen die ersten Wespen im Jahr?

Wann sind die letzten Wespen unterwegs?

In welchen Monaten sind die Wespen eine wahre Plage?

Welche Wespenart ist bei Ihnen verbreitet?

Wo haben Sie die letzte Hornisse gesehen?

Mehr zu Wespen

Heiko Bellmann (2017) *Bienen, Wespen, Ameisen.* Franckh Kosmos, Stuttgart

www.aktion-wespenschutz.de

OHRWURM

Woran denken Sie bei dem Wort «Ohrwurm»? An das eingängige Musikstück, das Ihnen seit heute Morgen im Kopf herumschwirrt? Oder an die wuseligen Tierchen, die unter der Blumenschale schliefen, bis Sie diese anhoben? Gut, das hier ist ein Buch über Insekten, insofern ist es schwierig, die Frage unvoreingenommen zu beantworten. Doch in der Regel geht es den meisten Menschen so ähnlich wie Heinrich Heine, der nach einem Besuch der Oper *Der Freischütz* von Carl Maria von Weber schimpfte, er könne die Strophe «Wir winden dir den Jungfernkranz» aus dem Brautlied nicht mehr hören, weil sie ständig jeder vor sich hin summe, und «ich glaube fast, die Hunde auf der Straße bellen sie».

Da hilft auch nicht das Rezept von Plinius dem Älteren, der riet, man solle dem Betroffenen ins Ohr spucken, bis der Ohrwurm von selbst Reißaus nimmt. Denn natürlich bezog sich der naturkundlich bewanderte Römer auf den Ohrwurm aus dem Tierreich, von dem bereits seine Zeitgenossen glaubten, was sich heutzutage Kinder auf dem Schulhof zumunkeln: dass die Viecher nachts in die Ohren kriechen, mit ihren Zangen das Trommelfell zerschneiden, sich zum Gehirn durchbeißen und dort ihre Eier ablegen. Noch gruseliger geht es kaum! Da ist es schon fast schade, dass an der ganzen Geschichte kein Wörtchen wahr ist.

Die echten Ohrwürmer sind nämlich ungefährliche und scheue – eigentlich sogar ein bisschen feige – Gesellen. Dank ihrer Zangen am Hinterleib sehen sie zwar ein wenig furchterregend aus, doch sind die Anhängsel viel zu weich und zu schwach, um damit menschliche Haut auch nur anzuritzen. Auch als Jagdwaffe taugen sie nicht viel. Lediglich Beutetiere mit ausgesprochen weicher Haut wie beispielsweise Blattläuse können Ohrwürmer damit verletzen, doch sobald Ameisen auftauchen, um ihre Honigtau-Lieferanten zu verteidigen, ziehen sich die Zangenträger schleunigst zurück. Wenigstens als Warnsignal taugen die Anhängsel. Kommen sich zwei Ohrwürmer zu nahe, erheben sie die furchterregend wirkenden Kneifer hoch über den Rücken, und reicht das nicht aus, machen sie damit Greifbewegungen, während sie mit dem Hinterleib um sich schlagen.

Solch ein Großgetue beeindruckt nicht nur Rivalen, sondern auch die weiblichen Ohrwürmer. Deren Zangen verlaufen übrigens weitgehend gerade, wohingegen die Instrumente der Männchen gebogen sind. Öffnet der Kandidat seine Zangen möglichst weit und tippt er der Angebeteten damit auf den Hinterleib, erweckt das ihre Aufmerksamkeit, und sie knabbert zärtlich am Symbol seiner Männlichkeit. Anschließend lassen sich die beiden bei der Paarung mehrere Stunden Zeit. Und das mit gutem Grund, denn es gilt, beim eigentlichen Akt äußerst vorsichtig zu sein. Der Penis des Männchens ist dummerweise nicht nur ziemlich lang, sondern obendrein ausgesprochen zerbrechlich. Eine unvorsichtige Bewegung, und das gute Stück geht entzwei, weshalb Forscher immer wieder auf Ohrwurmweibchen treffen, in denen noch ein Fragment des letzten Verehrers steckt. Fällt das Bruchstück hingegen gleich nach dem Malheur ab, setzen Ohrwürmer ihr Liebesspiel unbeirrt weiter fort. Denn für diesen Fall verfügen die Männchen über einen zweiten Penis.

Die Chancen stehen folglich gut, dass die Paarung letztendlich erfolgreich verläuft und das Weibchen wenig später in einer Erdhöhle oder unter Rinde seine Eier legt. Während die meisten Insekten der Ansicht sind, damit ihre Pflicht zur Genüge erfüllt zu haben, und ihren Nachwuchs dem Schicksal überlassen, sind Ohrwurmweibchen erstaunlich fürsorgliche Mütter. Sie umsorgen nicht nur die Eier und die daraus schlüpfenden Larven, sondern verteidigen sie bei Gefahr auch gegen hungrige Artgenossen, indem sie drohend ihre Zangen aufstellen.

Diesen Zangen verdanken die Tiere wohl auch ihren Namen. Einer Hypothese zufolge erinnerte die Lücke zwischen den gebogenen Auswüchsen an das Öhr einer Nadel und aus dem daraus abgeleiteten «Öhrwurm» wurde später der «Ohrwurm». Andere Sprachforscher halten dies jedoch für Unfug und glauben eher an eine Herleitung vom lateinischen «auris» gleich «Ohr», da von der Antike bis fast in unsere Zeit zerstoßene Ohrwürmer als Heilmittel gegen Taubheit und Ohrleiden aller Art im Gebrauch und der Ohrwurm unter der lateinischen Bezeichnung *Forficula auricularia* bekannt war. Dem Volksmund waren derlei gelehrte Dispute egal, und so heißen die Tiere je nach Region auch Ohrenkneifer, Ohrkriecher, Ohrlaus oder Ohrenschliefer.

Mittlerweile sind Ohrwürmer sogar weithin gern gesehene Gäste im Garten. Als Allesfresser verspeisen sie unter anderem Blattläuse und Raupen, die sich sonst über Blüten und Blätter von Blumen und Nutzpflanzen hermachen würden. In einem Experiment, bei dem die Stämme einiger Apfelbäume mit Klebestreifen umwickelt wurden, sodass die Ohrwürmer nicht in die Baumkronen gelangten, fanden sich im Laub dreimal so viele Apfelblutläuse wie bei den Kontrollbäumen mit Ohrwürmern. Da verzeihen die Obstbauern den kleinen Räubern gerne, dass diese selbst ebenfalls mit Vorliebe an den Blüten naschen. Gesunden Früchten können Ohrwürmer wegen ihrer schwachen Kiefer dagegen nichts anhaben, dafür ist deren Schale zu dick. Nur wenn ein Apfel oder eine Traube bereits angeritzt ist, kann sich der Ohrwurm durch die Wunde fressen und sich am weichen Fruchtfleisch gütlich tun. Während er bei Löchern in Rosenblüten durchaus unter Verdacht steht, hat er bei angefressenen Pflaumen also lediglich die günstige Gelegenheit genutzt.

Zum Schluss noch schnell eines der größten Geheimnisse unserer Ohrwürmer: Sie können fliegen. Doch, wirklich! Allerdings müssen Sie schon ganz großes Glück haben, um dieses Kunststück einmal zu beobachten, denn erstens sind Ohrwürmer nur in der Dunkelheit aktiv und zweitens fliegen sie höchst ungern. Vielleicht liegt es daran, dass jeder Flug einen riesigen Aufwand vor dem Start und nach der Landung mit sich bringt, weil die Flügel der Tiere auf ein kleinstes Maß verpackt sind. Vor dem Losfliegen muss der Ohrwurm die schuppenartigen Vorderflügel, die nur noch als fester Schutz dienen, anheben, die darunterliegenden Hinterflügel herausschütteln und dann mit Hilfe der Zangen auseinanderziehen. Am Ziel wird es dann noch schwieriger, denn nun werden die Flügel zuerst wie ein Fächer gefaltet und anschließend noch einmal der Länge nach und quer. Eine Prozedur, die durchaus über eine Minute dauern kann – genügend Zeit, um währenddessen einen Ohrwurm zu summen.

Mehr zu Ohrwürmern
www.zobodat.at/pdf/OEZ_02_0624–0638.pdf

ANREGUNGEN

Ohrwürmer finden Sie in den schmalen Hohlräumen unter Blumentöpfen, Steinen und in Holzritzen. Sie können aber auch einen Ohrwurmtopf als Versteck basteln. Dazu binden Sie eine Schnur um ein kurzes Holzstück und fädeln sie durch das Loch eines Blumentopfs. Das Gefäß füllen Sie mit Stroh oder Heu und binden es mit der Öffnung nach unten in einen Baum. Aber nicht frei hängend, sondern so, dass der untere Rand des Topfes den Stamm oder einen Ast berührt.

Mit solch einem Topf können Sie auch Ohrwürmer einfangen und wegtragen, falls es einmal in Ihrem Garten eine Invasion geben sollte.

HUMMEL

Sobald sich in Ihrem Kreis von Verwandten und Bekannten herumgesprochen hat, dass Sie sich neuerdings für Insekten interessieren, wird es passieren. Während des schönsten Miteinanders wird sich jemand alle Harmonie verachtend an Sie wenden mit der Behauptung: Die Wissenschaft hat bewiesen, dass Hummeln gar nicht fliegen können. Und dann wird dieser jemand Sie ansehen, als seien nicht nur die betrügerischen Hummeln überführt, die frech den Naturgesetzen trotzen, sondern als müssten Sie nun bitte schön auf der Stelle Abbitte leisten für diesen Unfug. Ihnen bleibt dann nur, einen weiteren Schluck Wein zu nehmen und die Bemerkung zu übergehen. Oder Sie erklären dem gespannt schauenden Publikum Folgendes:

Der Ursprung dieses als Hummel-Paradoxon bekannten Irrtums reicht bis in die 1930er Jahre zurück. Damals soll in Göttingen ein Ingenieur bei einer abendlichen Geselligkeit eine Überschlagsrechnung gemacht haben, dass die 0,7 Quadratzentimeter Flügelfläche einer Hummel deren Gewicht von 1,2 Gramm unmöglich tragen können. Nur weil sie von den Gesetzen der Aerodynamik keine Ahnung habe, fliege die Hummel trotzdem. So weit sieht es also nach einem Sieg Ihres Bekannten aus. Doch kurz darauf fiel dem Ingenieur auf, was seitdem alle Wissenschaftler, die sich mit dem Hummelflug

STECKBRIEF
. . . .

DEUTSCHER NAME: Dunkle Erdhummel
WISSENSCHAFTLICHER NAME: *Bombus terrestris*
GRÖSSE: 8 bis 10 Millimeter
VERBREITUNG: ganz Europa

beschäftigen, in ihren Rechnungen berücksichtigen – dass Hummeln keine winzigen Flugzeuge sind und nicht mit starren Flügeln gleiten, sondern damit bis zu 200 Schläge pro Sekunde vollführen. Obendrein ausgesprochen komplexe Schläge, bei denen sie die Flügel drehen und Luftwirbel wie kleine Tornados erzeugen. Die Hummeln rudern gewissermaßen durch die Luft, und das reicht nicht nur praktisch, sondern auch theoretisch aus, um das Insekt mit rund 20 Kilometern pro Stunde sicher von Blüte zu Blüte zu tragen. Ganz im Einklang mit allen Gesetzen der Aerodynamik und Physik.

An dieser Stelle können Sie noch anfügen, dass Hummeln zu den Bienen gehören und fast ausschließlich auf der Nordhalbkugel heimisch sind. Allerdings ist gerade unsere Erdhummel, die sich durch zwei gelbe Streifen und ihren weißen Hintern auszeichnet, auch in Neuseeland anzutreffen. Dorthin haben englische Siedler in den Jahren 1884 und 1885 einige Hummelköniginnen in Kühlschiffen transportieren lassen, nachdem sie bemerkt hatten, dass die einheimischen Insekten nicht in der Lage waren, den als Viehfutter ausgebrachten Wiesenklee zu bestäuben.

Überhaupt sind Hummeln hervorragende Bestäuber. Zum einen sind sie nicht so zimperlich wie Honigbienen, die nur bei gutem Wetter und erst bei Temperaturen ab zehn Grad ausschwärmen. Hummelarbeiterinnen sind dagegen schon ab sechs Grad unterwegs, und ihre Königin sucht gar bereits ab Februar bei Temperaturen knapp über dem Gefrierpunkt nach den ersten Blüten. Um sich aufzuwärmen, vibrieren sie dabei heftig mit den Brustmuskeln. Die Vibrationen sind außerdem ihre zweite Spezialität beim Bestäuben. Bei manchen Pflanzen wie Tomaten und Paprika sitzen die Pollen so fest, dass sie sich bei einem normalen Besuch durch ein Insekt kaum lösen und die Blüte nicht bestäubt wird. Hummeln hängen sich jedoch mit ihrem Körper an die Blüten und schlagen so heftig mit den Flügeln, dass die Pollen herausgeschüttelt werden und sich in dem dichten Haarkleid der Besucher verfangen. Diese Vibrationsbestäubung funktioniert so gut, dass Gemüsebauern auf der ganzen Welt eigens für die Bestäubung ihrer Treibhaustomaten kommerziell gezüchtete Hummelvölker bestellen und in ihren Gewächshäusern herumfliegen lassen.

Bis zu 1000 Blüten schafft eine einzige Hummel am Tag. Gelangt sie bei einer Blüte nicht an den Nektar, weil ihr Saugrüssel zu kurz ist, beißt sie sich manchmal seitlich durch das Blütenblatt. In ihrem Magen machen sich Enzyme über den Nektar her und wandeln ihn in Honig um, den die Hummel im Nest zum großen Teil als Nahrung für den Nachwuchs und die Königin wieder hervorwürgt. Hummeln produzieren also durchaus ebenfalls Honig, doch in so kleinen Mengen, dass es sich fürs Frühstücksbrötchen nicht lohnt.

Bei der Dunklen Erdhummel – eine der häufigsten und größten unserer 36 Hummelarten in Deutschland – umfasst ein Volk zu seiner Blütezeit bis zu 500 Tiere. Statt in einem komfortablen Bienenstock leben sie in einem unterirdischen Nest, das früher einmal einer Maus oder einem Maulwurf gehört hat und bis zu anderthalb Meter tief liegt. Gelegentlich beziehen sie aber auch Höhlen direkt unter der Oberfläche, Lücken in Mauerwerk oder künstliche Hummelkästen. Die Entscheidung liegt bei der Königin, denn sie ist die Einzige, die eingemummelt in Komposthaufen oder Maulwurfshügeln den Winter übersteht. Weit früher im Jahr als Honigbienen wachen Hummelköniginnen aus der Winterruhe auf und suchen die ersten Frühblüher, um Nektar und Pollen zu sammeln. Hat sie eine geeignete Stelle für ein Nest gefunden und die ersten Eier gelegt, überrascht sie uns mit einer weiteren Eigenart: Hummelköniginnen brüten ihre Eier aus! Damit diese nicht erfrieren, sondern sich zu fleißigen Arbeiterinnen entwickeln, setzt sich die Königin drauf und erwärmt sie auf 38 Grad. Nur ab und zu fliegt sie los, um Energie für dieses anstrengende Geschäft zu sammeln. Hummeln, die uns im Februar oder März begegnen, sind darum meistens Königinnen beim Nachtanken. Später im Frühjahr übernehmen dann die Arbeiterinnen die Versorgung, während die Königin im Nest bleibt und sich ganz auf das Legen neuer Eier konzentriert.

Im Hochsommer dominieren schließlich die männlichen Hummeln an den Blüten. Charles Darwin fiel auf, dass diese Drohnen immer die gleichen Routen fliegen und zwischendurch bestimmte Plätze besetzen: «Ich verfolgte die Hummeln von der grossen Esche bis zu ehern kahlen Heck an der Seite eines Grabens, woselbst sie stets brummten, dann weiter zu einem Epheublatt in einigen Ellen Entfernung, woselbst sie wiederum brummten. Ich will daher diese Stellen, woselbst sie für wenige Sekunden anhielten, ‹Brummplätze› nennen.»

Heute vermuten Wissenschaftler, dass die Drohnen dort Pheromone genannte Duftstoffe absondern in der Hoffnung, damit eine der Jungköniginnen anzulocken. Die machen sich nämlich rar, weil sie sich nur einmal paaren und gleich danach ein Winterquartier aufsuchen. Im alten Nest sieht es hingegen düster aus. Da aus allen Eiern nur noch Drohnen und Jungköniginnen, aber keine Arbeiterinnen mehr schlüpfen, bricht die Versorgung zusammen, und die alte Königin stirbt. Ein gutes Jahr alt ist sie geworden, während ihren Arbeiterinnen und den Drohnen lediglich wenige Wochen vergönnt sind.

Erst im kommenden Frühling können wir uns wieder am Brummen der pelzigen Bienen erfreuen, das der russische Komponist Nikolai Andrejewitsch Rimski-Korsakow in seinem *Hummelflug* so treffend imitiert hat, dass Walt Disney im animierten Musikfilm *Fantasia* ursprünglich ebenfalls eine Hummel eingebaut hat, die akustisch durch den gesamten Kinosaal summen sollte. Leider wurde die Szene später gestrichen. Vermutlich aber nicht wegen des Aberglaubens, dass Hummeln eine Verkörperung von Hexen oder gar dem Teufel selbst sind, wie man früher zu wissen meinte. Obwohl der allergrößte Hexer in der Buchreihe um den Zauberlehrling *Harry Potter* Dumbledore heißt, was ein alter englischer Ausdruck für die Hummel ist. Die Autorin Joanne K. Rowling begründet diese Namensgebung damit, dass sie sich die Figur vorstellte, wie sie vor sich hin summend herumspaziert. Ganz wie Hummeln, die von Blüte zu Blüte fliegen. Denn wie wir nun wissen: Hummeln können sehr wohl fliegen.

Mehr zu Hummeln

Dave Goulson (2016) Und sie fliegt doch – Eine kurze Geschichte der Hummel. List Taschenbuch, Berlin

Joseph Gokcezade et al. (2018) Feldbestimmungsschlüssel für die Hummeln Deutschlands, Österreichs und der Schweiz. Quelle & Meyer, Wiebelsheim

AMEISE

Auf dem Waldboden liegt ein großer Bogen Papier. Darauf ein halber Apfel. Direkt neben einem Ameisenhaufen. Und schon bald kommt, was kommen muss: Eine der Ameisen entdeckt den Apfel, nascht davon, benachrichtigt weitere Ameisen, bis schließlich dicht an dicht unzählige kleine Kiefer an dem Obst nagen. Unterwegs zwischen Apfel und Nest, hinterlassen die Tiere Spuren auf dem Papier, die ein komplexes Muster bilden. Das soll so sein, denn genau um diese Spuren geht es dem Künstler Maximilian Prüfer. Um die Wege der Ameisen besser sichtbar zu machen, hat er extra ein Beschichtungsverfahren entwickelt, das er als Naturantypie bezeichnet und dessen Details er geheim hält. Das fertige Bild visualisiert, wie das Kollektiv der Ameisen eine Entscheidung fällt und umsetzt. Und das nur mit einem Ameisengehirn.

Denn Ameisen besitzen tatsächlich ein Gehirn. Es misst zwar kaum einen Kubikmillimeter und verfügt gerade einmal über eine Viertelmillion Nervenzellen, aber es lässt sich damit alles denken, was eine Ameise für das Leben wissen muss. Da wäre zunächst einmal das Wissen um ihren Platz innerhalb ihres Volkes. Ameisen sind im höchsten Maße organisiert, damit ihre Staaten mit oft Zehntausenden Individuen nicht zusammenbrechen. An der Spitze stehen eine oder mehrere Königinnen, die zwar einen höchst aristokratischen Titel

STECKBRIEF
· · · · · · · · · · · · · · · · ·

DEUTSCHER NAME: Rote Waldameise
WISSENSCHAFTLICHER NAME: *Formica rufa*
GRÖSSE: 5 bis 10 Millimeter
VERBREITUNG: Mittel- und Nordeuropa

tragen, in Wahrheit jedoch keinerlei Befehlsgewalt ausüben, sondern lediglich dafür da sind, ihr Leben lang Eier zu legen. Aus denen schlüpfen die meiste Zeit des Jahres nur weibliche Tiere, die Arbeiterinnen, die ihren Namen verdienen, denn zu tun haben sie genug. Angefangen von der Pflege der Eier und Larven über die Instandhaltung und Erweiterung des Nestes bis hin zur Nahrungssuche schuften sie sich nach und nach aus dem Nestinneren nach außen. Männchen gibt es ausschließlich während weniger Wochen im Sommer, wenn auch die neuen Königinnen erscheinen. Männchen wie Jungköniginnen haben Flügel, und wie auf ein geheimes Kommando starten von allen Nestern der Region gleichzeitig die Prinzen und Prinzessinnen zu ihrem Hochzeitsflug.

In dieser Phase begegnen uns ausnahmsweise für einige Tage auch fliegende Ameisen. Ansonsten ist das Fehlen von Flügeln einer der wichtigsten Unterschiede zwischen Ameisen und den verwandten Wespen. Ein weiterer liegt darin, dass Ameisen zwischen Brustkorb und Hinterleib noch ein knotenartiges Zwischenglied besitzen, das sogenannte Stielchen. Über einen Stachel verfügen übrigens auch manche Ameisenarten, so zum Beispiel die Rasenameisen. Anderen, zu denen etwa die Rote Waldameise und die Schwarzgraue Wegameise zählen, fehlt solch ein Stechapparat, weshalb sie bei der Jagd und zur Verteidigung auf ihre kräftigen Kiefer und Gifte setzen. In der Naturheilkunde gilt diese Ameisensäure als hervorragendes Mittel gegen Gicht, weshalb sich manch Geplagter früher mit in Alkohol eingelegten Waldameisen eingerieben oder gleich nackt im Wald auf einen Ameisenhaufen gesetzt hat.

Solch ein Haufen umfasst bei einem sogenannten Hügelnest nur die oberen Etagen – ungefähr das gleiche Volumen oder noch mehr befindet sich unter der Erde. Diese tieferen Lagen haben den Vorteil, dass sie selbst in heißen Sommern oder kalten Wintern ein recht ausgeglichenes Klima bieten. Die darüberliegenden Haufen aus Laubstreu und Fichtennadeln, die meistens um einen morschen Baumstumpf errichtet werden, sind dagegen besser durchlüftet. Allerdings müssen sie zum Schutz vor Schimmel und anderen Pilzen fortwährend umgeschichtet werden, sodass die zuständigen Arbeiterinnen pausenlos mit Bauarbeiten beschäftigt sind. Da haben es die Ameisen im Garten leichter. Ihre Erdnester liegen für gewöhnlich gut geschützt unter Steinen oder Wegplatten.

Von dort aus ziehen sie los, um die vielen Mäuler ihres Volkes zu stopfen. Ameisen sind Räuber, die vor allem andere Insekten wie Fliegen, Raupen, Käfer sowie kleine Spinnen vertilgen. Viele genießen aber auch die süßen Ausscheidungen von Pflanzensaugern wie Blatt- und Schildläusen. Die Schwarzgraue Wegameise und einige weitere Arten haben sogar die Viehhaltung erfunden und betreuen ganze Blattlausherden als Weidevieh, das sie regelmäßig melken, indem sie mit ihren Antennen die Hinterteile der Läuse betrillern, bis diese einen Tropfen zuckerhaltigen Saft – den Honigtau – absondern.

Aber wie finden Ameisen eigentlich ihren Weg, beispielsweise zu einer Picknickdecke, auf der ein Kuchen thront?

Nun, sie gehen nicht ganz so zielstrebig vor, wie wir Menschen uns das vielleicht vorstellen. Auf der Suche nach einer neuen Nahrungsquelle machen sich Arbeiterinnen manchmal in Regionen auf, die zuvor keine ihrer Schwestern abgesucht hat. Mehr oder minder zufällig sehen sie mal hier, mal dort nach. Wird eine dieser Ameisen fündig, füllt sie mit dem Futter ihren Kropf und eilt dann zurück zum Nest, um den anderen davon zu berichten. Unterwegs streift sie mit ihrem Hinterende Duftstoffe als Wegmarken auf dem Boden ab. Im Bau angekommen, verteilt sie Kostproben an ihre Schwestern, und jede dieser Arbeiterinnen entscheidet dann für sich, ob das Futter so lecker und nahrhaft ist, dass es sich lohnen würde, mehr davon zu holen. In diesem Fall zieht sie los und folgt entweder der Duftspur der Finderin oder lässt sich von dieser direkt in einem Tandemlauf zur Quelle führen. Auch sie markiert den Rückweg, und so wird die Spur immer deutlicher, je mehr Ameisen den Futterplatz besuchen. Ist die Quelle irgendwann versiegt, wird sie kaum mehr besucht, und die Duftmoleküle verflüchtigen sich in der Luft, bis schließlich alle Hinweise auf den einst beliebten Ort verschwunden sind. So betrachtet treffen Ameisen ihre Entscheidungen also regelrecht demokratisch durch Mehrheitsbeschluss, bei dem jede Stimme gleich viel zählt. Doch obwohl dieses Verhalten wirkt, als wäre eine kollektive Intelligenz am Werke, agiert jede einzelne Arbeiterin lediglich nach ihrem Geschmack und Hungergefühl. Bei Ameisen geht Intelligenz im wörtlichen Sinne durch den Magen.

ANREGUNGEN

Sie können sich die Beobachtung von Ameisen leicht machen, indem Sie als Köder einen Tropfen mit Wasser verdünnten Honig auf einen Stein geben.

Wie lange dauert es, bis die erste Ameise den Köder entdeckt hat?

Wie viel Zeit vergeht, bis sie ihre Schwestern benachrichtigt hat und der Tropfen umlagert ist?

Welche Arten finden sich an diesem Platz ein?

Sind es auf der Terrasse, auf dem Weg, auf dem Rasen, auf einem Ast unterschiedliche Arten?

Bildet sich eine vielbenutzte Ameisenstraße zum Futter aus?

Was geschieht, wenn Sie mit einem Radiergummi kräftig quer über die Ameisenstraße reiben?

Wann schwärmen die geflügelten Männchen und Königinnen?

Mehr über Ameisen

Susanne Foitzik und Olaf Fritsche (2019) *Weltmacht auf sechs Beinen – Das verborgene Leben der Ameisen*. Rowohlt, Hamburg

MOTTE

Es ist Nacht. Wolken verhängen den Himmel, doch die Luft ist angenehm warm. Im Gebüsch zirpen Zikaden um die Wette. Das Licht einer Straßenlaterne erhellt die Umgebung. Es scheint zu flackern, obwohl die Lampe nicht kaputt ist. Vielmehr wird sie umschwirrt von Dutzenden kleiner Fluginsekten. «Motten» können nicht anders. Sie müssen zum Licht fliegen, selbst wenn es ihren Tod bedeutet. Weil es sich über Jahrmillionen bewährt hat. Damals, als es weder Straßenlaternen noch Autoscheinwerfer oder Kerzen gab.

Mit «Motten» meinen wir in diesem Zusammenhang eigentlich die Nachtfalter, die uns jenseits der Laternen nicht auffallen, weil wir sie im Dunkeln nicht sehen können, von denen es aber fast zehnmal mehr Arten gibt als von den prominenteren Tagfaltern. Die Schwärmer der Nacht entgehen uns nicht nur, weil sie den Tag verschlafen, sondern auch, weil sie meist ein tarnfarbenes Kleid tragen, das sie optisch mit Baumrinden und Häuserwänden verschmelzen lässt und so vor hungrigen Vögeln und Eidechsen schützt. Allerdings gibt es auch einige bunte Arten, und manche sind sogar tagaktiv wie beispielsweise das Taubenschwänzchen, dessen Schwirrflug beim Nektarsaugen zum Verwechseln an einen Kolibri erinnert.

Die Mehrzahl der Nachtfalter sind jedoch Geschöpfe der Dunkelheit, in der auch Insekten kaum etwas sehen können

STECKBRIEF

. . . .

DEUTSCHER NAME: Taubenschwänzchen
WISSENSCHAFTLICHER NAME: *Macroglossum stellatarum*
GRÖSSE: 40 bis 50 Millimeter Spannweite
VERBREITUNG: ganz Europa

und deshalb auf andere Sinne setzen: Sie riechen, ob irgendwo im weiten Umkreis eine Partnerin in Stimmung ist. Mit ihren aufgefächerten, gesägten oder gefiederten Antennen fangen sie selbst einzelne Duftmoleküle auf und wissen, wann es sich lohnt, loszufliegen. Nur wohin? Denn eines verraten die hochempfindlichen Detektoren in den Antennen dem hoffnungsvollen Freier nicht: wo oben ist. Dafür benötigen Nachtfalter doch ein Licht – womit wir uns allmählich der Laterne nähern. In früheren Zeiten stammte dieses Licht nämlich vom Mond als der einzigen hellen Lichtquelle am Firmament. Er steht erstens hoch am Himmel und dient zweitens als eine Art Kompass, sobald der Schmetterling den freien Luftraum erreicht hat. Dafür muss das Insekt seine Bahn so wählen, dass der Mond immer in einem gewissen Winkel zu seiner Flugrichtung steht. Berücksichtigt ein Falter nun noch die Wanderung des Mondes im Laufe der Nacht, lotst dieser ihn zuverlässig über viele Kilometer bis zu seiner Angebeteten.

Es sei denn, er kommt einer Laterne zu nahe. Ihr künstliches Licht überstrahlt mühelos selbst den klarsten Vollmond – und bringt das Navigationssystem des Schmetterlings auf falschen Kurs. Im Bemühen, den berechneten Winkel einzuhalten, flattert das Insekt in einer verhängnisvollen Spirale immer dichter an das Licht, bis es verbrennt oder erschöpft zu Boden fällt, wie Johann Wolfgang von Goethe es in seinem Gedicht *Selige Sehnsucht* im *West-östlichen Divan* beschreibt:

Keine Ferne macht dich schwierig,
Kommst geflogen und gebannt,
Und zuletzt, des Lichts begierig,
Bist du Schmetterling verbrannt.

Die echten «Motten» gibt es übrigens auch. Doch sie haben einen ausgesprochen schlechten Ruf als Schädlinge. Teilweise zu Recht, obwohl die ausgewachsenen Tiere mit ihren verkümmerten Mundwerkzeugen gar nicht fressen können und sich ganz auf die Fortpflanzung konzentrieren. Das Fressen besorgen dafür die Raupen umso gieriger. Die Larven der Kleidermotte nagen beispielsweise an Stoffen, Teppichen und sogar Dämmmaterialien aus Wolle oder Tierhaar, um an das Protein Keratin zu gelangen. Mit Baumwolle oder synthetischen Geweben können sie hingegen nicht viel anfangen, sodass heutige Kleiderschränke einer Kleidermotte häufig nur wenig zu bieten haben und die Tiere inzwischen beinahe schon selten geworden sind.

Dabei haben die Motte und wir eine weit zurückreichende gemeinsame Vergangenheit. Bereits die Assyrer beschwerten sich in Keilschrifttexten, die mehr als 1000 Jahre vor Beginn unserer Zeitrechnung in den feuchten Ton geprägt wurden, über teuren Mottenfraß. Und sie wussten außerdem, dass gründliches Lüften das beste Mittel gegen die lichtscheuen Kleinfalter ist. Noch sicherer war es dagegen, gar nicht erst auf irdische Besitztümer zu setzen, wie es bei Matthäus und Lukas im Neuen Testament empfohlen wird, sondern Schätze im Himmel zu sammeln, «wo weder Motte noch Wurm sie zerstören».

Wer dennoch seinen irdischen Wollpullover schützen möchte, kann es außer mit regelmäßigem Lüften bei sonnigem Wetter auch mit Stücken von Zedernholz oder mit Lavendelsäckchen versuchen. Haben sich die Raupen bereits im Schrank ausgebreitet, was an ihren selbstgesponnenen Seidenhüllen leicht zu erkennen ist, helfen häufig Schlupfwespen aus dem Fachhandel weiter, die so winzig sind, dass wir sie kaum sehen, aber ihre eigenen Eier in die Eier der Motten legen. In die Pheromonfallen aus dem Drogeriemarkt tappen hingegen nur die Männchen, sodass Sie damit lediglich prüfen können, ob in Ihrer Wohnung Motten sind, ohne sie auf diese Weise loszuwerden.

Immerhin legen die Tiere Ihnen heutzutage nicht mehr den Computer lahm. Genau dies passierte am 9. September 1947, als der Kalte Krieg allmählich Fahrt aufnahm, den Computerpionieren der US-Marine. Die wollten mit ihrem damals hochmodernen Rechenkoloss Mark 2 eigentlich ein paar Details zur Funktion von Atombomben kalkulieren. Doch der Computer weigerte sich beharrlich, vernünftige Ergebnisse zu liefern. Es dauerte einige Stunden, bis schließlich ein Techniker den Fehler fand: Eine Motte war durch das offen stehende Fenster hereingeflogen und hatte sich in einem Relais verkrochen. Als das Schaltteil aktiviert wurde, zerquetschte es die Motte, die daraufhin an Ort und Stelle liegen blieb – und den Stromfluss unterbrach. Mit einer Pinzette zog der Techniker sie heraus, klebte sie in das Computer-Logbuch und setzte dazu den Eintrag: «First actual case of bug being found.» Wobei wir wissen müssen, dass «bug» in der amerikanischen Umgangssprache nicht nur für Käfer, Wanze, Motte oder sonstige nervige Kleininsekten steht, sondern auch für einen technischen Fehler. Schon der Erfinder Thomas Edison hat sich 1878 in einem Brief beschwert, es würden sich immer wieder bugs in seine Entwicklungen einschleichen. Vielleicht ist der Ausdruck aber noch älter und stammt aus der Mitte des 19. Jahrhunderts, als Nachrichten per Morsecode übermittelt wurden. Eine der Firmen, die Tasten dafür herstellte, hatte einen Käfer als Logo – und Telegramme waren damals häufig durchsetzt mit Fehlern.

Mehr zu Nachtfaltern und Schmetterlingen
Armin Dett (2013) *Schönbär und Nonne – Licht ins geheime Leben der Nachtfalter.* Stadler Verlag, Konstanz

Kleidermotte

Um Nachtfalter zu beobachten, können Sie Bier oder Feder-
weißen mit Zucker und zerstoßenen Früchten mischen und
auf einen Baumstamm streichen. Viele Nachtfalter lieben ver-
gärende Früchte und lassen sich nieder. Mit einer schwachen
Taschenlampe betrachten Sie Ihre Gäste.

Eine andere Möglichkeit besteht darin, mit einer LED-Lampe,
die «kaltes» bläuliches Licht abgibt, eine weiße Fläche wie ein
Bettlaken anzustrahlen. Nach dem Beobachten die Lampe aber
bitte wieder ausschalten.

Wann haben Sie Nachtfalter gesehen?

Wo?

Wie viele unterschiedlich aussehende Varianten?

FEUERWANZE

W er hätte gedacht, dass der Mensch ausgerechnet für eine Wanze den Jungbrunnen entdecken würde? Und das schon in den 1960er Jahren! Damals zog es einen tschechischen Entomologen an die Universität Harvard – im Koffer viele Hoffnungen und eine Ladung europäischer Feuerwanzen, wie sie bei uns im Sommer in jedem Garten zu finden sind: fingernagelgroße, ovale Tiere mit einer platten Ober- und einer gewölbten Unterseite sowie einer auffallenden rot-schwarzen Warnfärbung, die verhindert, dass sie von Vögeln gefressen werden, obwohl sie eigentlich gar nicht giftig sind. Besonders auffällig sind Feuerwanzen, wenn sie sich zu Dutzenden oder Hunderten an sonnigen Fleckchen versammeln. Bei besagtem Wissenschaftler mussten sie allerdings mit Glasschalen vorliebnehmen, die gegen den Dreck mit Papier ausgekleidet waren. Zu fressen gab es Pflanzensamen, wie sie auch in der Natur auf dem Speiseplan der Wanzen stehen. Im Grunde war alles so wie zuvor in Europa, wo die Insekten wunderbar wuchsen und gediehen – nur wollten sie in den USA einfach nicht erwachsen werden: Statt irgendwann bei einer Häutung den Schritt von der Larve zur ausgewachsenen Wanze zu vollziehen, hängten sie ein Larvenstadium an das nächste. Eine ewig während Jugend, für die der Forscher schließlich eine verblüffende Erklärung fand: Das Papier war

STECKBRIEF

· · · · · · · · · · · · · · · · ·

DEUTSCHER NAME: Gemeine Feuerwanze
WISSENSCHAFTLICHER NAME: *Pyrrhocoris apterus*
GRÖSSE: 7 bis 12 Millimeter
VERBREITUNG: Süd- und Mitteleuropa

schuld. In den USA wurde es nämlich aus dem Holz der Balsamtanne gemacht, die zum Schutz gegen Fraßinsekten die Substanz Juvabion entwickelt hatte. Die ähnelt aber dem Juvenilhormon der Feuerwanzen so sehr, dass sie diese für immer im Körper eines Insektenteenagers gefangen hielt.

In den USA konnte die Gemeine Feuerwanze wohl auch deshalb nicht so recht Fuß fassen, obwohl die Art gelegentlich dorthin verschleppt wurde und in Freiheit geriet. In Mitteleuropa hat sie sich hingegen weit verbreitet und ist in Deutschland mit Ausnahme der niedersächsischen Küstengebiete überall anzutreffen. Vor allem unter Linden fühlen sich Feuerwanzen wohl, weil deren Samen ihre bevorzugte Nahrungsquelle sind. Aber auch Samen von Hibiskus, Malven und Robinie sagen ihnen zu. In diese stechen sie ihren Rüssel wie unsereins einen Strohhalm in ein Glas und saugen den Inhalt heraus. Gelegentlich mögen sie dabei auch mal ein Insektenei, ein totes Insekt oder eine Larve der eigenen Art erwischen, doch im Grunde sind Gemeine Feuerwanzen Vegetarier.

Und eines der Lieblingstiere vieler Wissenschaftler. Beispielsweise wurde bei ihnen zuerst das X-Chromosom entdeckt, das zusammen mit seinem Y-Pendant festlegt, ob sich eine befruchtete Eizelle zu einem Jungen oder einem Mädchen entwickelt. Ursprünglich nahm man an, das würden die äußeren Umstände entscheiden, etwa die Temperatur. Doch bei den Spermien der Feuerwanzen fand sich nur in der Hälfte eine sichtbare Struktur, die zunächst auf den Namen X-Faktor getauft wurde. Verschmolz ein Spermium mit diesem Faktor mit einer Eizelle, wurde daraus eine weibliche Wanze, ohne X gab es ein männliches Tier. Dass es auch beim Menschen so läuft, konnte die Wissenschaft erst Jahrzehnte später nachweisen.

Gegenwärtig interessiert sie sich besonders dafür, wie Wanzen mit Krankheitserregern fertigwerden. Anstelle eines ausgeklügelten Immunsystems mit Antikörpern, wie wir Menschen es haben, nutzen Feuerwanzen nämlich kleinere, Peptide genannte Moleküle, die anscheinend ebenso wirksam sind und eine Alternative zu Antibiotika darstellen könnten. So hat Mutter Natur selbst den kleinsten Geschöpfen unermessliche Kräfte gegeben, wie Plinius der Ältere meinte, der Wanzen als Mittel gegen Schlafsucht und Schlangenbisse empfahl. Sein Kollege Dioskurides ergänzte, dass ein Gericht aus Wanzen und Bohnen dem Viertägigen Fieber – womit wohl eine Form der Malaria gemeint war – vorbeuge und alleine der Geruch von Wanzen ausreiche, um werdende Mütter, die während der Geburt ohnmächtig wurden, wieder zu Bewusstsein zu bringen. Aber dabei dachte er eher an die damals allgegenwärtigen Bett- als an die schönen und völlig harmlosen Feuerwanzen.

Letztere wurden trotz ihrer auffälligen Färbung von Künstlern und Kulturschaffenden weitgehend übersehen. Nur selten zierten Feuerwanzen am Rande die Bilder in mittelalterlichen Stundenbüchern, etwa im berühmten Exemplar des Herzogs von Berry aus dem 15. Jahrhundert. Und weltweit sind sie gerade einmal auf rund 100 Motivbriefmarken zu finden, wohingegen es dort von Schmetterlingen und Käfern regelrecht wimmelt. Auch in der Literatur werden Wanzen meist ignoriert oder geschmäht wie beispielsweise von Heinrich Heine, der in seinem *Atta Troll* schimpft: «Das Schrecklichste auf Erden ist der Kampf mit Ungeziefer, dem Gestank als Waffe dient, das Duell mit einer Wanze.» Womit er nicht ganz unrecht hat, denn fühlen Feuerwanzen sich bedroht, geben sie ein übelriechendes Wehrsekret ab, das Angreifer verschreckt und Artgenossen vor der Gefahr warnt. «Die Wanze stinkt, auch wenn sie am Rock der Zarin sitzt», wie ein russisches Sprichwort sagt.

Dabei ist die Gemeine Feuerwanze ein dankbares Objekt für kleine Naturstudien in einer müßigen Stunde. Vor allem der Paarungstanz ist sehenswert. Ihrer Anatomie wegen stehen Männchen und Weibchen während der Begattung Hinterteil an Hinterteil. Meistens über Stunden, manchmal gar für Tage. Mit seiner Ausdauer verhindert das Männchen, dass Rivalen irgendwann ebenfalls eine Gelegenheit erhalten. Doch derartig ausgedehnter Sex macht hungrig, und so läuft das Pärchen als gespiegeltes Tandem durch die Gegend, wobei im Zweifelsfalle das größere Männchen die Richtung angibt. Als Schusterkäfer kennen Österreicher darum die Feuerwanze, was nichts mit Schuhen zu tun hat, sondern vom regionalen Wort «schustern» für «kopulieren» abgeleitet ist. Schamgefühl als Tugend hat es nunmal bislang nicht in das Insektenreich geschafft.

ANREGUNGEN

Wann zeigt sich die erste Feuerwanze im Jahr?

Wie viele Tiere versammeln sich zu einer Aggregation?

Wie verläuft der Paarungstanz der Feuerwanze?

Wovon ernähren sich die Wanzen?

Welche anderen Wanzen haben Sie gefunden?

Mehr zu Feuerwanzen
Jürgen Deckert und Ekkehard Wachmann (2019) *Die Wanzen
Deutschlands*. Quelle & Meyer, Wiebelsheim

Weibchen

STECKBRIEF

· · · · · · · · · · · · · · · ·

DEUTSCHER NAME: Kleiner Leuchtkäfer
WISSENSCHAFTLICHER NAME: *Lamprohiza splendidula*
GRÖSSE: 8 bis 10 Millimeter
VERBREITUNG: mittlere Breiten in Europa

GLÜHWÜRMCHEN

Wie Sterne zu Besuch auf Erden schweben die Leuchtpunkte durch die Luft. Zwischen Sträuchern und Zweigen, auf der Suche nach dem Licht, das zu ihnen passt. Es ist die Sehnsucht nach einem Partner, die sie antreibt. Nach den Damen ihrer Herzen, die ebenfalls leuchtend im Verborgenen sitzend warten. Haben sie einander erkannt, lassen sich die Sterne fallen, stürzen in die Tiefe, in der Hoffnung, der Erste zu sein. Denn nur dieser darf die Dame des Lichts erobern, sich mit ihr verbinden – und danach sterben. Sie aber erlischt und zieht sich zurück aus dem Reigen. Ihr bleibt noch eine Aufgabe, die sie vollbringen muss, bevor auch ihre Zeit gekommen ist. Etwa 60 bis 90 Eier legt das Glühwürmchenweibchen in den Boden. Die Saat für neue fliegende Sterne im kommenden Sommer.

Es ist nicht ganz einfach, die Partnersuche der Glühwürmchen – oder besser gesagt: der Leuchtkäfer, denn die Tiere fallen in die Ordnung der Käfer – mitzuerleben. Dafür kommt es zum einen auf die richtige Zeit an. Je nach Witterung machen sich die Tiere rund um den Johannistag am 24. Juni auf, weshalb sie auch Johanniswürmchen oder Johanniskäfer genannt werden. In warmen Sommern kann es aber etwas früher, in kalten Jahren ein wenig später losgehen. Auch bei der Stunde sind die Tiere wählerisch. Es muss bereits dunkel, doch keinesfalls zu spät in der Nacht sein. Die besten Chancen ergeben sich zwischen 22 Uhr und Mitternacht. Nun kommt es auf das richtige Umfeld an. Wiesen, Gärten, Parks und besonders Auwälder bieten den Leuchtkäfern, was sie brauchen: feuchte, offene Landschaften. Wichtig ist aber vor allem Dunkelheit. Jede Kerze ist tausendmal heller als ihr Leuchten, und so darf keine Straßenlaterne und kein Haus die Nacht zur ewigen Dämmerung machen.

Dieses Leuchten ist es, was uns Menschen so sehr in den Bann zieht, dass wir uns mit Friedrich Gottlob Klopstock in seinem Gedicht *Die Frühlingsfeier* fragen:

> *Ob eine Seele*
> *das goldene Würmchen hatte?*

In Japan war die Glühwürmchenjagd mit Fächern und Sammelboxen in früheren Jahrhunderten ein beliebter Zeitvertreib. Doch inzwischen ist das Tier so selten geworden, dass man es nicht mehr fängt, sondern ihm zu Ehren in Städten wie Yokohama und Tokio Feste gefeiert werden. Ebenso in Thailand, wo Boote die Menschen zu den besten Beobachtungsplätzen bringen. In Tennessee ist die Balz der Glühwürmchen so beliebt, dass die Nationalparks dort die Zugangsberechtigungen zur Zeit des Leuchtens verlosen müssen. Im chinesischen Wuhan hat man die Nachfrage schließlich durch Einrichtung eines Themenparks mit künstlich angelegten Lebensräumen für die Leuchtkäfer befriedigt. Welch erstaunlicher Wandel seit den Zeiten, als es hieß, dass Glühwürmchen für arme chinesische Studenten die einzige Lichtquelle seien, um ihre Studien bei Nacht fortzuführen.

Betrachten wir das Leuchten der Glühwürmchen mit dem Auge des Forschers, erkennen wir, dass die Quelle des Lichts an der Unterseite des Hinterleibs zu finden ist. Dort findet in Laternen genannten speziellen Leuchtzellen ein chemischer Prozess namens Biolumineszenz statt, der Energie in Form von Licht freisetzt. An den Stellen, wo die Körperhülle transparent und fast farblos ist, tritt das Leuchten aus, gerichtet und damit verstärkt von reflektierenden Schichten aus Harnsäurekristallen auf der Körperinnenseite. An der Farbe des Lichts und am zeitlichen Muster des Leuchtens erkennen die Käfer ihre Artgenossen – und signalisieren gleichzeitig Vögeln und Fröschen, dass sie giftig und daher keine verfolgenswerte Beute sind.

Tatsächlich sind Glühwürmchen selbst furchtlose Jäger. Allerdings nur während ihrer Zeit als Larven. Ihre Beute sind Schnecken, sowohl solche mit als auch ohne Gehäuse. Diesen folgen sie auf den Schleimspuren und lähmen ihre um ein Vielfaches größere Opfer mit einem Giftbiss. Innerhalb von drei Jahren vertilgt ein Würmchen so einiges an Schnecken und frisst sich dabei einen ordentlichen Fettvorrat an. Den hat es auch nötig, denn sobald es sich gegen Anfang Juni verpuppt, nimmt es keine Nahrung mehr zu sich, sondern zehrt von den Reserven. Darum lebt der Leuchtkäfer auch nur ein oder zwei Wochen als erwachsener Käfer, und in dieser Zeit muss er sein Herzblatt finden.

Die Männchen übernehmen dabei den mobilen Part und machen sich auf die Suche nach den Weibchen. Von den drei Arten, die in Deutschland heimisch sind, verlässt sich der Kurzflügel-Leuchtkäfer am wenigsten auf ein Leuchten als Signal. Er setzt mehr auf chemische Duftstoffe, die das Weibchen aussendet. Beim Großen Leuchtkäfer macht zwar das Weibchen mit seinem Licht auf sich aufmerksam, doch die Männchen bleiben weitgehend dunkel. Darum ist es vor allem der Kleine Leuchtkäfer, den wir als klassisches Glühwürmchen kennen und lieben. Seine Männchen tragen zwei Leuchtpunkte auf der Bauchseite, mit denen sie beim Flug in zwei bis drei Metern Höhe die Weibchen dazu animieren, ihrerseits zu leuchten und damit ein Ziel vorzugeben. Zumal die Käferdamen nicht selbst fliegen können und nicht einmal wie richtige Käfer aussehen, sondern eher wie fette Maden – woher vermutlich das «Würmchen» in ihrer Bezeichnung stammt.

Ein Glühwürmchen, sei es nun Männchen oder Weibchen, bei Tageslicht zu finden, ist für den Laien beinahe unmöglich. Ist es doch schon ein großes Glück, diese Symbole für Hoffnung, das Licht im Dunkeln, wenigstens nachts anzutreffen. So fragt der französische Philosoph Georges Didi-Huberman in seinem Buch *Überleben der Glühwürmchen*, ob etwas, das sich nicht mehr so häufig wie früher oder gar nicht mehr finden lässt, damit automatisch bereits verschwunden ist. Gibt es keinen Widerstand, wenn er nicht sichtbar ist? Eine schwierige gesellschaftspolitische Frage, besonders für einen kleinen Käfer. Didi-Hubermans Antwort lässt aber hoffen, sowohl für die Gesellschaft wie für das Insekt: Wenn wir etwas nicht mehr finden, suchen wir vielleicht nur am falschen Ort. Wer um die richtigen Plätze weiß und dem Licht folgt, kann sich auch heute noch an den fliegenden Sternen erfreuen.

Mehr über Glühwürmchen
Sara Lewis (2017) *Leuchten in der Stille – Über Glühwürmchen und das Glück des Moments.* Bastei Lübbe, Köln

Männchen

ANREGUNGEN

Wo haben Sie Glühwürmchen entdeckt?

An welchen Tagen war das?

Wie viele Lichter haben Sie gesehen?

MEHR ÜBER INSEKTEN

Bestimmungsbücher

Heiko Bellmann: *Der Kosmos Insektenführer.* Franckh Kosmos, 2018

Heiko Bellmann: *Welches Insekt ist das?* Franckh Kosmos, 2019

Lesebücher

Dave Goulson: *Das Summen in der Wiese.* Ullstein, 2018

Bart Rossel, Medy Oberendorff: *Die wunderbare Welt der Insekten.* Gerstenberg, 2019

Anne Sverdrup-Thygeson: *Libelle, Marienkäfer & Co.* Goldmann, 2019

Bildbände

Levon Biss: *Portraits – Die Schönheit der Insekten.* Frederking & Thaler, 2018

Matthias Helb: *Insekten überlebensgroß.* Franckh Kosmos, 2016

Nützliches für eigene Beobachtungen

Eine Lupe oder Becherlupe.

Ein Fernglas mit extremer Nahdistanz, beispielsweise das Pentax Papilio II oder das Minox Macroscope

QUELLENNACHWEISE

S. 10 Johann Wolfgang von Goethe: *Sämtliche Gedichte.* Insel, 2007

S. 15 *Andersens Märchen.* Anaconda, 2010

S. 19 Conrad Ferdinand Meyer: Gedichte. Haessel Verlag, 1882

S. 24 Joseph Brodsky: *An Urania – Schmetterling.* Carl Hanser, 1994

S. 28 Wilhelm Busch: *Max und Moritz.* Esslinger, 2015

S. 39 William Butler Yeats: *Die Gedichte.* Luchterhand, 2005

S. 42 Johann Wolfgang von Goethe: *Dichtung und Wahrheit – Elftes Buch.* e-artnow, 2018

S. 44 Georg Büchner: *Leonce und Lena.* Reclam, 2013

S. 44 Heinrich Heine: *Buch der Lieder – Die Heimkehr, Donna Clara.* Fischer, 2008

S. 47 Wilhelm Busch: *Ausgewählte Reime, Gedichte und Sinnsprüche – Fortuna lächelt.* Edition XXL, 2009

S. 67 Heinz Erhardt: *Noch 'n Heinz Erhardt.* Fackelträger, 2008

S. 74 William Kirby, William Spence: *Introduction to Entomology, or, Elements of the Natural History of Insects.* London 1815–1826

S. 76 Achim von Arnim, Clemens Brentano: *Des Knaben Wunderhorn.* Anaconda, 2015

S. 86 Zitiert nach Helmut Höhe: *Die lustige Tierwelt und ihre ernste Erforschung.* Westend Verlag, 2018

S. 91 Theodor Storm: *Die Flöhe und die Läuse,* in: Ludwig Uhland (Hrsg.): *Das Herz sitzt über dem Popo.* Musaicum Books, 2017

S. 95 Adolf Endler: *Akte Endler.* Reclam, 1981

S. 107 Mirko Bonné: *Die Republik der Silberfische.* Schöffling, 2008

DER AUTOR

Olaf Fritsche ist promovierter Biologe und Wissenschafts-
journalist. In Büchern für Studierende und für jedermann
erzählt er von den Wundern der Natur. Den Geheimnissen
der Insekten geht Fritsche am liebsten mit Fotokamera und
Makroobjektiv auf den Grund. Bei Rowohlt ist unter anderem
sein Buch «Weltmacht auf sechs Beinen – Das verborgene
Leben der Ameisen» (zusammen mit Susanne Foitzik) erschienen

DIE ILLUSTRATORIN

Barbara Dziadosz, ursprünglich aus einem kleinen Ort in
Nordpolen stammend, lebt und arbeitet nach einem Studium
an der Hochschule für Angewandte Wissenschaften Hamburg als Illustratorin in der Hansestadt.
jungwiealt.com